# 디지털 시대를 살다

# 디지털 시대를 살다

초판인쇄 2021년 6월 30일
초판발행 2021년 6월 30일

지은이 김재휘, 김용환, 김형준, 김혜영, 마강래
박환영, 박희봉, 이민규, 이민아
펴낸이 채종준

펴낸곳 한국학술정보(주)
주소 경기도 파주시 회동길 230(문발동)
전화 031 908 3181(대표)
팩스 031 908 3189
홈페이지 http://ebook.kstudy.com
E-mail 출판사업부 publish@kstudy.com
등록 제일산-115호(2000. 6. 19)

ISBN 979-11-6603-451-0 03560


책에 대한 더 나은 생각, 끊임없는 고민, 독자를 생각하는 마음으로 보다 좋은 책을 만들어갑니다.

# LIVE IN THE DIGITAL AGE

우리는 무엇을 얻었고,
무엇을 해야 하는가

# 디지털 시대를 살다

김재휘 · 김용환 · 김형준 · 김혜영 · 마강래
박환영 · 박희봉 · 이민규 · 이민아 지음

이담북스

# 서문

우리는 인터넷 시대를 넘어 디지털 시대를 살아가고 있다. 이 책은 이러한 시대에서 우리가 직면하는 여러 현상과 변화에 관한 주요 논점을, 다양한 학계와 현장의 전문가가 함께 스터디하며 각 전문 분야의 시각에서 제시해본 것이다. 이 과정에는 심리학, 사회학, 교육학, 행정학, 법학, 국문학, 언론학 등 인문·사회과학 분야의 다양한 학자와 인터넷 포털 기업에 종사하는 전문가 등도 참여하였다.

이 책은 9명의 저자가 각 전문 분야의 관점에서 '디지털 시대의 변화와 전망'에 대해서 기술하는 아홉 가지의 독립된 소주제(장)로 구성되어 있다. 먼저 '디지털 미디어'를 다루고 있는 첫 번째 장은, 개개인도 가질 수 있는 디지털 미디어의 특성으로 인해서 정보의 양이 무한으로 증가하고 있으며, 그 정보의 영향력이 공정하지도, 중립적이지도 않을 수 있다는 점에 주목한다. 특히 아날로그 기술과 달리 디지털 테크놀로지는 갈수록 더 정교한 방식을 통해 우리를 설득하며, 심지어 무의식적으로도 사람들을 설득하고 있음을 강조한다.

두 번째 '디지털 저널리즘'의 장에서는, 현재 사회의 공적 커뮤니케이션이 이전에는 상상도 할 수 없었던 수많은 거짓 정보로 인해 위협받고 있음을 지적하고, 저널리즘에서 가장 중요한 뉴스의 진실성이 도전받고 있다는 사실을 다양한 예를 통해 강조한다. 나아가 이러한 현실을 해결하는 방안으로서 뉴스 수용자의 미디어 리터러시 함양의 필요성과 함께, 언론의 새로운 역할을 요구한다.

세 번째 장인 '디지털 알고리즘'은 이른바 '추천 서비스'의 부작용으로 지적되는 필터 버블, 확증 편향, 에코 챔버와 같은 편향을 논의한다. 나아가 추천 서비스에 이르는 인공지능 기술과 디지털 알고리즘을 설명하고, 추천 서비스에 대한 바른 이해와 함께 그 편리성을 더 안전하게 누리는 방안을 제시하고 있다.

이어지는 '디지털 언어' 장은 인터넷 공간에서의 언어 파괴와 폭력이 계속 확산하는 현상을 인터넷 언어의 특성과 한국어의 형태론적 특징으로부터 설명한다. 문자 기호로서 구어 대화를 나누어야 한다는 인터넷 언어의 특이성으로부터, 네티즌들은 타이핑된 무미건조한 글자에 음성 정보를 대체할 생동감 있는 구어적 요소를 첨가하고 싶어 하며, 이러한 욕구로 인해 외계어와 같은 언어를 만들어 낸다는 관점을 제시하고 있다. 나아가 인터넷에서의 언어 폭력을 줄이기 위해서는 금칙어 선정과 대처에 있어 한국어의 형태 변이와 형태 결합이라는 형태론적 특징을 분석할 필요가 있음을 지적한다.

다섯 번째 '디지털 학습'의 장은 본격적인 디지털 시대에 접어들어 젊은 세대의 문해력(디지털 리터러시)과 학습 방식이 어떻게 변화해 왔는가를 기술하면서, 이것이 현재의 팬데믹 시대의 교육에 미치는 영향을 논의하고 있다. 나아가 교육 트랜스포메이션을 맞이하는 교육자와 학습자의 역량과 책무, 그리고 교육 정책의 올바른 방향을 살피고, 자신의 분야를 스스로 개척하며 전문성을 기를 수 있는 평생 학습 역량을 강조한다.

다음으로 '디지털 신뢰'를 다루는 여섯 번째 장에서는 디지털 시대에 요구되는 새로운 신뢰란 무엇인지 살펴본다. 즉 디지털 기술을 바탕으로 우리는 어떻게 서로를 신뢰하며 협력할 것인지, 그러한 신뢰와 협력의 특징이 무엇일지를 논의한다. 이 과정에서 특히 자율적인 개인과 사회의 역할을 강조하고 있다.

일곱 번째 장은 정보를 획득하는 데 있어 디지털 활용이 필수적인 요소가 됨에 따라 발생하는 '디지털 격차'를 다룬다. 그러한 격차가 지식 자원의 획득, 삶의 기회, 사회적 참여와 교류 제한 등 궁극적으로 행복의 불평등을 가져온다는 점을 강조하고, 저소득층 아동, 장애인, 노인 등의 디지털 격차를 해소하는 것이 행복 증진에 있어 매우 중요함을 기술하고 있다.

오늘날의 디지털 사회는 이용자의 익명성이나 접근의 용이성으로 인하여 프라이버시나 저작권 등 타인의 권리에 대한 침해가 빈번하게 또 손쉽게 발생한다. 여덟 번째 장인 '디지털 규범'은 온라인에서의 그러한 피해가 오프라인에서보다 훨씬 더 지속적이며 심지어 회복하기 어려운 경우가 적지 않음을 강조하면서, 건강한 디지털 사회를 만들기 위한 디지털 공간에서의 행위 준칙은 무엇이며, 이와 관련된 우리나라의 법률과 제도는 어떻게 이루어져 있는가에 대해서 쟁점별로 다루고 있다.

마지막 장은 '디지털 도시'로서, 디지털 테크놀로지가 발전한 시대의 도시의 모습을 조망한다. 스마트 시티는 그 자체로 목적일 수 없고, 그 안에서 살아가는 사람들의 삶의 질을 높이기 위한 수단으로서 강구되어야 한다는 점을 강조하는 한편, 개인의 욕구를 충족하고 시민 참여를 독려하는 방향으로 사람 중심의 스마트 시티 구축을 제안하고 있다.

인터넷 시대의 변화를 다양한 관점에서 바라본 이 책은 인문·사회과학 분야에 종사하는 학문 후속 세대에게 유익한 학습 자료이기도 하지만, 특히 아날로그 시대에서 디지털 시대로의 급격한 변화를 경험하는 기성세대에게 더욱 유용한 참고서일 것으로 기대하고 있다. 즉, '디지털 시대'의 변화의 핵심이 무엇인지, 디지털 시대가 우리에게 무엇을 제공하며, 우리에게 무엇을 요구하는지에 대해 이해하고 대처할 수 있도록 도와줄 것이다.

많은 논의에도 불구하고 여전히 디지털 시대의 변화와 불확실성을 충분히 담지는 못했다는 아쉬움과 반성이 남는다. 향후 지속적인 스터디를 통해 더 새롭고 다양한 디지털 시대의 모습을 포착하고 제시하고자 노력할 것을 약속드린다.

2021.05.

저자 대표 김재휘

## 목차

# 01

# 디지털 미디어,
# 새로운 설득
# 커뮤니케이션

김재휘

인터넷의 급속한 발달은 우리의 삶 전체에 영향을 미치고 있다. 특히 우리의 생각과 행동을 바꾸게 하는 설득 커뮤니케이션 영역에서의 영향력이 매우 크다. 사실 이제는 인터넷이나 스마트폰과 같은 디지털 디바이스가 없는 삶을 상상하기 어렵다. 그런데 만약 이러한 디지털 테크놀로지의 영향이 공정하지 않거나 중립적이지 않다면 어떨까? 이러한 이슈에 관한 인문 사회학적 연구의 필요성은 더욱 절실해졌다고 할 수 있다. 본 장에서는 디지털 테크놀로지가 우리의 태도와 행동을 변화시키는 설득 커뮤니케이션 영역에서 중요한 이유에 관하여 몇 가지 관점을 제시하고자 한다.

# 캡톨로지의 진화

디지털 테크놀로지는 인터넷의 발전과 함께 보건, 안전, 교육 등 다양한 분야에서 우리의 생활과 사회를 개선하는 데 실질적으로 큰 도움을 주었다고 할 수 있다. 그러나 설득의 측면에서 본다면, 디지털 테크놀로지를 파괴적인 목적으로도 이용할 수 있음을 간과할 수 없다. 예컨대 디지털 테크놀로지에 의한 조작이나 강제는 우리의 태도나 행동 변화에 부정적 영향을 미치는 어두운 측면이 될 수 있다.

설득적 기술로서의 디지털 테크놀로지의 장점은 살리고 부정적 측면의 위험을 억제하기 위하여 포그Fogg 등이 '설득적 기술로서의 컴퓨터Computers As Persuasive Technology' 혹은 캡톨로지Captology라고 명명한 연구 분야는 인터넷이 급속히 발전하고 확대된 현재에도 인간과 디지털 테크놀로지의 상호 작용을 이해하는 데 중요한 프레임을 제공한다(Fogg, 1999; Tseng & Fogg, 1999).

Fogg(1999)의 캡톨로지에 따르면, 디지털 테크놀로지는 사용자 측면에서 그 역할 기능을 도구Tool, 미디어Medium, 사회적 행위자Social Actor 세 가지로 구분하고 있다. 그는 이를 통합하여 설득적 디지털 테크놀로지의 기능적 삼원 관계Triad를 명명하며, [그림 1]과 같이 도식화한다. 이러한 삼원 관계는 디지털 테크놀로지가 '능력 향상', '경험 제공', '사회적 관계의 형성' 등의 각 방식에서 어떻게 설득적인 효과를 제공하는지를

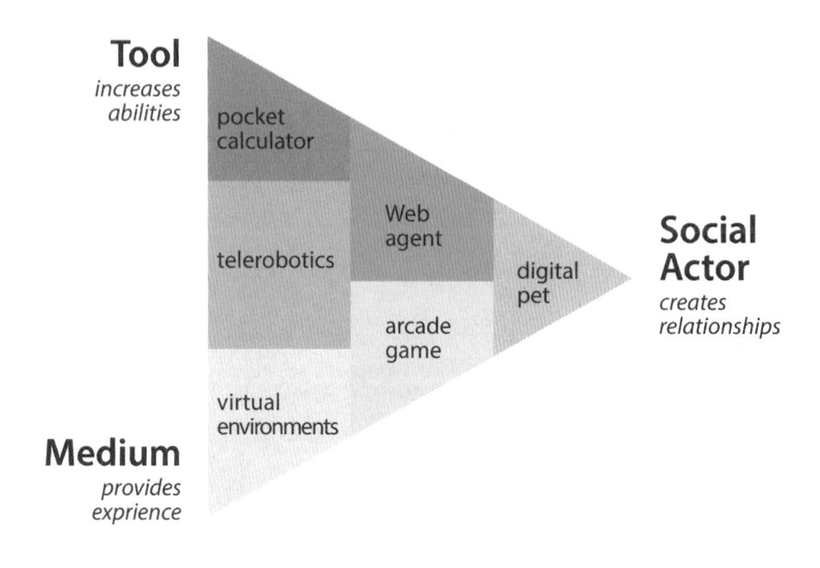


그림 1. 디지털 테크놀로지의 세 가지 설득 기능

검토할 수 있도록 해주며, 나아가 이를 제공하는 사람들이 적절하게 설득 전략을 통합할 수 있도록 도움을 준다. 본래 설득적인 테크놀로지로서의 캡톨로지는 사람들의 태도나 행동을 변화시키기 위해 미리 계획되어 의도적으로 설계된 상호 작용적인 컴퓨터 시스템을 의미하므로, 캡톨로지는 컴퓨터 기술 혹은 인터넷(웹이나 앱)의 계획되거나 의도된 설득적 효과에 초점을 둔다. 즉, 담배를 끊거나 건강을 유지하거나 좋은 공부 습관을 들이도록 도와주는 기기나 컴퓨터 장치, 프로그램 등이 설득적 테크놀로지의 사례가 되는 것이다.

하지만 본 장에서는 디지털 테크놀로지의 예기치 않은 영향력, 혹은 의도성이 감추어진 영향력의 가능성을 포함하여, 오늘날 보다 진보된 디지털 테크놀로지가 설득에 미치는 영향에 대해서 다루고자 한다. 오늘날 컴퓨터는 인터넷의 발전을 통해 더욱 스마트해졌고, 디지털화된 세상을 확장해 가고 있다. 따라서, 기존의 캡톨로지의 범위를 확장하여 '디지털 테크놀로지가 우리의 태도와 행동 변화에 어떻게 영향을 미치고 있는가'라는 주제를 검토보고자 한다. 특히, 우리가 흔히 이용하는 인터넷 포털이나 애플리케이션, 혹은 스마트 앱 등을 통해 접하는 뉴스나 상업적 정보와 같은 설득 메시지의 영향을 다루고자 '디지털 테크놀로지'를 '디지털 미디어'로 좁혀 지칭하면서 논의를 이어 가고자 한다. 더 나아가, 사회적 행위자로서의 디지털 테크놀로지의 기능이 양방향적으로 작용하고 확대되고 있다는 점에서, 디지털 테크놀로지의 기능을 (미디어로서의) '경험 제공 기능'과 (사회적 행위자로서의) '관계 형성 기능'으로 구분하여 검토해 보고자 한다.

## 경험을 제공하는 디지털 미디어와 설득

### 효율적 도구에서 경험 제공자로의 이행

오늘날 인터넷 및 IT 기기의 발달에 따라, 디지털 테크놀로지의 도

주요 걷기 보상 애플리케이션 비교

| 이름 | 캐시워크 | 빅워크 | 워크온 | 더챌린지 |
|---|---|---|---|---|
| 보상 | 쿠폰<br>(100보당 1원) | 기부<br>(100m당 1원) | 경품 및 기부<br>(걸음 수 미션) | 경품 및 포인트<br>(걸음 수 미션) |
| 특징 | ▪ 스마트폰 잠금화면, 시간당 배터리 소모 1% 미만<br>▪ 캐시 수십 원 걸고 1만 원 이상 쿠폰 받는 '뽑기' | ▪ 기부 주제별 모음통과 기념품 랜덤박스 선택 가능<br>▪ 구글 맵에 이동경로와 보행 외 이동거리까지 남음 | ▪ 주간 순위 및 파워워킹, 수면, 비활동 시간 체크<br>▪ 주변 걷기 좋은 길 추천, 지역 맞춤형 미션 | ▪ 핏빗, 가민, 애플워치 등 스마트밴드·스마트워치 연동<br>▪ 가상통화 '인슈어리움' 에어드롭(무상 지급) 진행 |



그림 2. 걷기 운동 실천을 통한 자아 효능감 향상과 행동 변화의 유도

구와 미디어 기능은 통합되고 있다. 도구로서의 디지털 테크놀로지는 애플리케이션이나 컴퓨터 시스템이 어떤 일을 보다 쉽게 할 수 있게 함으로써, 우리에게 새로운 능력을 제공하는 기능을 의미한다. 예를 들어, 사람들이 매일 섭취하는 음식의 양이나 칼로리를 정확하게 계산해 주는 디지털 앱이 있다고 가정해 보자. 이는 사람들로 하여금 자신의 평소 음식 섭취 행동 및 결과를 알게 하여, 보다 체계적이고 계획적으로 다이어트를 하도록 도와줄 뿐만 아니라, 다이어트를 효과적으로 지속할 수 있는 동기를 제공할 것이다. 이는 도구로서의 디지털 테크놀로지의 기능으로서, 개인이 어떤 임무를 더 빠르게 효과적으로 처리할 수 있도록

도와준다.

이러한 도구의 기능은 단순히 편리함과 도움에 국한되지 않는다. 그것은 이용자에게 새로운 경험을 제공하고, 실천의 경험을 통한 긍정적 피드백을 통해서 행동을 수정하고 강화한다. 더 나아가 자신감이나 자아 효능감의 배양을 통해서 행동 변화에 더 바람직하게 기여할 수 있다. 자아 효능감은 어떤 일을 성공적으로 수행할 수 있다는 개인적인 신념이라고 할 수 있는데, 자아 효능감이 높아지면 능동적으로 태도와 행동을 변화시킬 가능성 역시 높아진다. 예를 들어 최근 보편적으로 사용되는 스마트폰의 걷기 운동 앱은 걸음의 숫자는 물론이며 이를 통해서 소모된 칼로리, 그리고 운동과 관련된 심장 박동 측정 정보 등도 제공한다. 이는 사람들이 효과적으로 운동할 수 있도록 도와주고, 나아가 운동에 대한 높은 통제감을 갖게 하며, 행동 변화(운동)를 지속하도록 만든다. 특히 최근의 운동 앱은 걷기 수행을 통해서 포인트를 획득하고, 획득한 포인트를 사회에 기부할 수 있도록 하기도 한다. 이는 사람들로 하여금 자아 효능감을 높여 줄 뿐만 아니라, 자신의 변화(운동)가 가치 있는 사회적 도움으로 연결되는 경험을 제공함으로써 변화를 지속하고 가속화한다.

## 대리적 경험을 통한 설득

포그가 언급한 미디어로서의 컴퓨터는 디지털 테크놀로지가 상징적

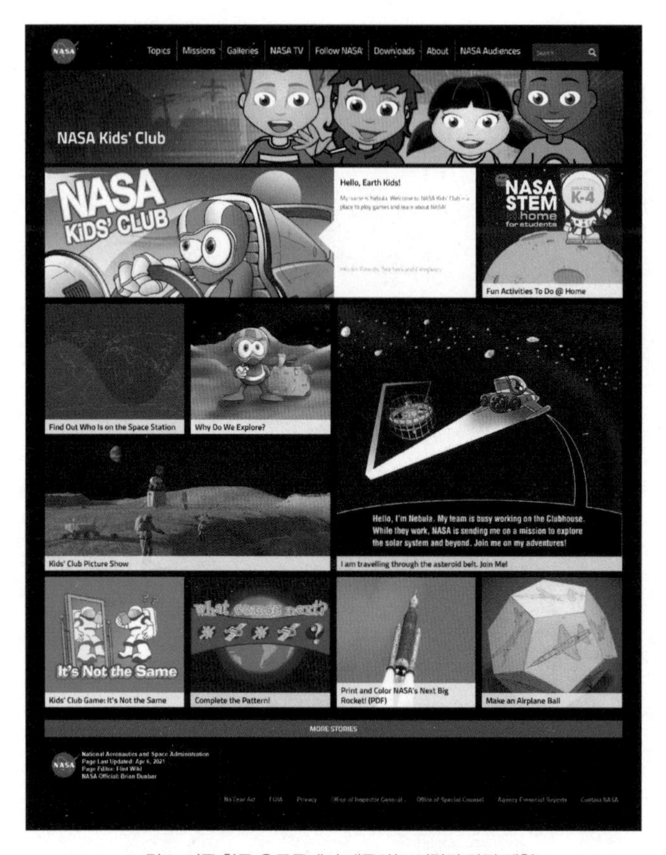

그림 3. 미국 항공 우주국에서 제공하는 어린이 간접 체험

또는 감각적 콘텐츠를 전달할 수 있음을 의미한다. 이것은 콘텐츠를 단순히 보내는 것으로 그치는 것이 아니라, 이용자들에게 경험을 제공한다는 것을 전제하고 있다. 즉 상징적 콘텐츠는 문자나 아이콘을 의미하지만, 감각적 콘텐츠는 가상 세계나 시뮬레이션 등을 의미하며, 감각적

미디어로서의 디지털 테크놀로지는 사람들에게 대리적인 혹은 직접적인 경험을 제공함으로써 그들의 태도와 행동에 영향을 미칠 수 있다. 이는 인과 관계를 적극적으로 통찰하게 하고, 나아가 인지적이고 행동적인 시연도 가능하게 만든다.

이러한 대리적 경험은 이전에는 오프라인에서 부스를 만들어 제공하는 등 체험관을 통해 경험을 제공하는 것이었지만, 지금은 인터넷을 통하여 웹이나 앱으로 체험을 제공하는 경우를 말한다. 예컨대, 에어비엔비Airbnb는 단순히 숙소를 예약하는 것을 넘어서 요리와 물건 만들기 등 수많은 온라인 체험을 공유할 수 있게 하고, 나아가 이를 상품으로도 만들어 제공하고 있다. 다른 예로서 미국 항공 우주국NASA은 어린이들이 인터넷 온라인상에서 다양한 우주 체험을 할 수 있도록 하면서, 우주에 대한 호기심과 관심을 키워가도록 하고 있다. 이러한 온라인상의 체험 행동은 결과를 미리 알 수 있게 하여 사람들의 태도와 행동을 바꾸는 매우 강력한 설득 방식이다.

## 가상 현실을 통한 설득

환경을 가상화함으로써 사람들은 실재하지 않는 가상의 환경에서 태도와 행동의 변화를 경험할 수 있고, 이러한 태도와 행동의 변화를 실제로까지 이어갈 수 있다. 컴퓨터를 이용한 초기의 실험 연구에서 칼린Carlin과 동료들은 가상의 환경에서 거미를 직접 보고 만져본 사람들은

그림 4. AR 피팅 룸(왼), VR 가상 체험(오른)

그렇지 않은 사람들보다 거미에 대한 공포감을 덜 느낀다는 것을 밝혀냄으로써, 가상 환경에서의 경험이 행동을 수정할 수 있다는 사실을 실증하였다(Carlin et al., 1997). 나아가 그들은 컴퓨터를 이용한 가상 환경을 통해 비행 공포증, 고소 공포증, 광장 공포증 그리고 밀실 공포증 등에 대하여 다양한 치료를 시도했다.

더욱이 최근에는 AR(가상 현실), VR(버츄얼 현실) 등이 확장되면서, 예컨대 쇼핑을 하는 상황에서 소비자가 특정 거울 앞에 서면, 원하는 옷을 실제로 입어 보지 않고서도 자신의 모습이 선택한 옷에 따라서 바뀌는 경험을 할 수 있다. 또 이러한 모습을 SNS를 통해서 친구들에게 보내고 즉시 평가를 얻기도 한다. 이러한 쇼핑 경험은 소비자들의 선택 연기를 줄이고 구매 결정을 더 빠르게 만든다. 나아가 사람들은 가상 현실에서 생활하는 또 하나의 자기Self를 만들어 객체화된 자신의 모습을 통해 세상을 배우고, 대상에 대한 가치를 학습하는 경험도 할 수 있다. 최근 인기 있는 대다수의 롤Role 게임이 이러한 가상 현실과 버츄얼 현실을 최대한 활용한 사례임은 언급할 필요도 없을 것이다.

# 관계를 만드는 디지털 미디어와 설득

## 사회적 비교를 통한 설득

포그가 말한 사회적 행위자Social Actor로서의 컴퓨터는, 컴퓨터가 사람들 사이의 관계를 조정하고 형성하는 데 도움을 준다는 것을 의미한다. 초기 연구들의 예를 보면, 인간의 형태를 갖춘 캐릭터나 대리인이 어떤 행동이 옳은가를 계몽하기도 하고, 다른 여러 사람의 생각과 행동을 보여줌으로써 특정 행동을 유도하기도 한다. 사람은 주변 타인의 행동을 통해서 세상을 이해하려고 하며, 다수의 타인이 행하는 행동은 옳다고 믿고, 나아가 타인과 관계를 맺고 싶어 하기 때문이다. 이러한 동기로 인해서, 인터넷과 같은 디지털 테크놀로지가 사회적 반응을 유발하기 더욱 쉬워진다. 멀리 떨어진 사람들, 연결 고리가 강하지 않은 잘 모르는 사람들과의 관계 맺음에도 SNS는 많은 영향을 미치고 있다.

디지털 미디어를 통하여 바람직한 태도와 행동을 모델링함으로써 사람들을 설득할 수 있다. 사회 학습 이론에 따르면, 어떤 행동이 매력적인 개인에 의해서 모델화되거나 긍정적인 보상으로 인해 강화될 때, 사람들이 해당 행동을 할 가능성이 높아진다. 예를 든다면, 건강과 운동에 대한 관심이 점차 높아지면서 많은 사람이 일상적 운동, 즉 달리기와 같은 운동에 도전하고 있지만, 목표에 도달하는 것은 쉽지 않다. 디지털

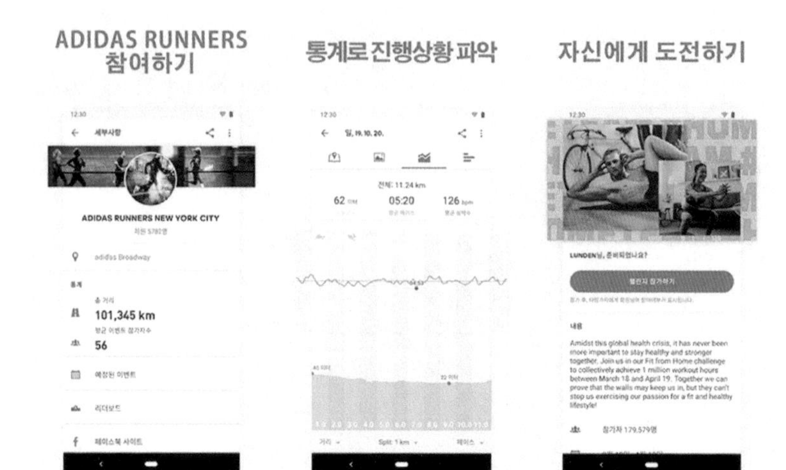


그림 5. 자신과 타인들을 비교할 수 있는 정보를 실시간으로 제공하는 ADIDAS 앱

미디어는 사람들이 지속적으로 운동할 수 있도록 본인의 현재의 성과나 기록을 스스로 확인하고, 같은 시간에 비슷한 타인들의 참여 정도나 기록을 실시간으로 비교 열람할 수 있도록 함으로써 동기 부여를 가속화한다. 즉, 본인이 달리고 있는 지금 다른 사람들은 얼마나 열심히 하고 있는지 등의 비교 정보를 스마트폰 앱을 통해 실시간으로 확인할 수 있다면, 우리는 달리기를 더 지속하게 될 것이다.

또한 몇 해 전에 인터넷을 통해서 유행한 '아이스버킷 챌린지'도 사람들에게 강한 설득적 영향을 미친 예라 할 수 있다. 루게릭병 환자를 돕기 위해 2012년 국외에서 시작된 기부 캠페인의 행사가 2018년 국내 연예인을 중심으로 크게 확산된 것을 많이들 알고 있을 것이다. 실제로

그림 6. 스테이 스트롱 캠페인 로고(왼)와 타이거JK의 기부 동참 티셔츠 인증(오른)

아이스버킷 챌린지 이후에는 이 같은 순교 행동 효과Martydom Effect를 통한 기부 캠페인이 크게 유행하였다. 유사한 국내 사례로는 SNS를 통해서 2020년 3월경 국내에서 시작하여 지금도 계속되는 '스테이 스트롱Stay Strong(강하게 버티자)' 캠페인이 있다. 이 캠페인은 순교와 같은 의식이 부재하여 크게 화젯거리가 되진 않았지만, 지금은 세계로 번져 나가고 있으며, 2020년 5월 기준으로 115개국 이상에서 이어지고 있다. 앞의 그림처럼 두 손을 모아 기도하는 이미지에 비누 거품이 더해져 손을 씻는 의미까지 담은 로고를 든 모습을 SNS를 통해 공유함으로써 실천하는 간단한 방식이다. 이는 코로나바이러스 감염증(이하 코로나19)이 확산하는 상황을 개인 위생을 철저히 하여 이겨 내자는 의미를 담고 있으며, 동시에 코로나19 피해자에게 도움을 주는 모금 행동을 병행하고 있다. 가수 타이거JK는 이 로고를 활용한 스테이 스트롱 티셔츠를 제작해 판매하고, 발생하는 수익금은 코로나19 대응을 위한 기부금으로 활용한다고 한다(한국일보. 2020.05.01.).

### 타인의 메시지와 설득

우리는 인터넷 포털이나 SNS 등의 뉴스, 기사, 검색 혹은 댓글 등에서 '좋아요', '공감' 등과 같은 신호를 보내는 모습을 쉽게 접할 수 있고, 실제로 직접 이용하기도 한다. 이는 사회적 공기나 여론을 읽는 하나의 단서가 된다. 이 같은 신호 정보는 이전에 미디어가 전하는 뉴스의 단순한 전송과 달리, 디지털 미디어가 구현하는 하나의 새로운 기능으로 자리 잡았다. 즉, 이러한 신호 정보는 사회적 메시지의 기능으로서, 뉴스에 대한 다른 사람들의 반응과 견해를 전달하여 우리의 태도, 신념, 행동에 영향을 미치는 설득적 기능을 수행하고 있다.

사회적 메시지를 제공하는 디지털 미디어의 역할에 관한 연구는 아직도 초기 단계에 있다고 볼 수 있지만, 인터넷을 통한 사회적 메시지가 설득에 영향을 미칠 수 있다는 증거는 일련의 연구와 사회 현상으로부터 쉽게 찾을 수 있다. 예를 들어 사회적 메시지를 통해서 칭찬과 비난 같은 지지의 수준을 조작함으로써 특정 행동을 형성하고 강화할 수 있다. 또 하나의 예로서, 우리는 특정 기사에 대해 '공감'이나 '좋아요'를 보낸 사람들의 수를 해당 글의 방향과 취지를 지지하는 사람들의 수로 이해하며, 따라서 이는 사회적 지지로서 역할을 할 수 있다. 실제로 우리가 접하는 수많은 인터넷 사이트와 SNS는 우리에게 끊임없이 메시지를 보내고 있다. 뉴스나 상품 정보를 전하는 것은 물론, 캠페인이나 타인들의 행동을 보여줌으로써 주위 사람들이 무엇에 관심을 두는지, 어떤 의견을 갖고 있는지를 알리고, 무엇이 사회의 대세이며 무엇이 소수인가를 알게 할 뿐만 아니라, 우리가 무엇을 해야 하는지에 관한 직간접적인 메시지를 보내고 있다.

최근 정치나 여론의 영역에서는 물론 상업적인 관점에서도, 디지털 미디어의 새로운 설득 메시지로서 '댓글'에 대한 주목이 높아지고 있다. 뉴스나 광고와 같은 직접적인 설득 메시지와는 다르지만, 댓글은 다른 사람들의 생각을 추론하고 사회의 의견을 엿보는 창으로서 그 영향력이 점차 커지고 있는 듯하다.

댓글을 얼마나 많은 사람이 어떻게 이용하고 있는지에 대한 조사 결과는 파편적이라 명확한 결과를 내긴 어렵지만, 적어도 상당히 많은 사람이 이용하는 것은 사실로 보인다. 예컨대, 사람들이 평소 인터넷 뉴스

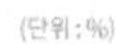


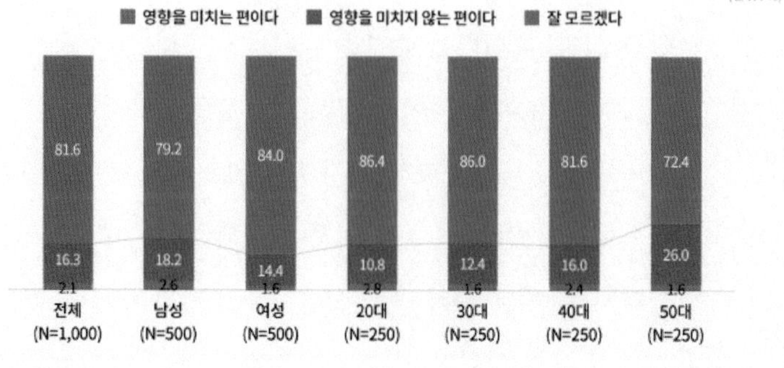


그림 7. 댓글이 사회 여론 형성에 미치는 영향력

의 댓글을 얼마나 이용하고 있는지에 대한 2018년도 조사 결과(15~54세 대상, 표본 2,214명)에 따르면, 인터넷 뉴스를 볼 때 댓글을 보거나 참여한다는 비율이 87%를 넘는다. 이처럼 상당히 많은 사람이 온라인 뉴스와 함께 댓글을 통해서도 세상을 바라보고 이해하고 있다(김재휘, 2018).

앞에서 언급한 '좋아요'와 같은 공감 표시와 '댓글'이 사람들을 설득하는 데 있어 어떻게 상호 작용하는지에 관한 하나의 흥미로운 연구(이혜규, 김자림, 2020)는, 유전자 재조합 식품에 관한 루머를 다루는 페이스북 게시물의 좋아요 수치와 게시물에 대한 반박 댓글이 규범 인식을 매개로 한 루머의 공유 의도에 미치는 영향을 조사하였다. 구체적인 방법으로는 페이스북 포스팅 형태의 메시지를 읽고서 루머 공유에 대한 규범 인식과 정보의 공유 의도를 묻는 질문에 응답하도록 하였다. 그 결과, 게시물의 좋아요 수치는 루머의 공유에 대한 서술적 규범과 명령적 규범 인식을 증가시켜 루머를 공유하려는 의도를 높이는 것으로 나타났다. 또한 게시물의 좋아요 수치와 "루머이므로 공유를 자제하라"라는 댓글이 상호 작용해 명령적 규범 인식에 영향을 미친 것으로 나타났다. 흥미로운 발견 중 하나는, 루머 공유를 자제하라는 댓글이 루머 공유에 대한 명령적 규범 인식을 증가시켰다는 점이다. 이러한 경향은 게시물의 좋아요 수치가 적을 때 더 뚜렷했다. 즉, 댓글은 글 쓰는 자들의 개인 의견이며, 읽는 자의 판단과는 독립적이다. 다시 말해, 특정 개인의 명령이나 단호한 의견과 같은 내용보다는 댓글의 개수와 같은 다수의 힘이 더 강력하다는 사실을 추론해 볼 수 있다. 따라서, "루머이니 공유를 자제하라"라는 댓글이 참가자들에게 반발을 일으켰을 것으로도 해석할 수 있다. 이처럼 댓글은 디지털 미디어의 정보나 뉴스의 신뢰에 관한 내용적 단서로서도 작동할 수 있으며, 댓글의 내용을 넘어서 댓글의 의도까지 추론하기도 한다. 따라서, 댓글 자체가 주된 설득 메시지인 뉴스의 활용과 확산에도 영향을 미칠 수 있다고 할 수 있다.

## 디지털 미디어가 만드는 사회적 실재와 설득

미디어는 신문의 사설, 광고나 홍보 등과 같이 사람들을 직접적으로 설득하려는 외현적 설득에만 초점을 맞추지 않는다. 미디어가 다루는 메시지나 콘텐츠에 의해 사람들이 신념을 바꾸거나 새로운 신념을 형성하도록 유도하기도 한다. 나아가 이러한 신념은 여론이 되어 궁극적으로 사람들의 사회적 행동을 하나의 방향으로 유도하기도 한다. 오늘날 디지털 테크놀로지로 무장한 미디어의 설득이 사람들의 신념, 특히 사회적 실재Social Reality에 대한 인식에 어떻게 영향을 미칠지를 검토해 보고자 한다.

사회적 실재에 대한 인식이란 개인이 세상에 대해 가지고 있는 생각이다. 사람들은 선거와 관련한 여론에 대해 알고 있고, 사회적 규범이나 미디어의 영향력에 대해서도 어떤 믿음을 갖고 있다. 이 모든 것이 개인이 지각하는 '사회적 실재'이다. 다시 말해 사회적 실재에 대한 인식이란 사람들이 사회의 규범, 법칙, 관습, 혹은 여론과 같은 다양한 장면에서 자신이 속한 사회가 어떤 방향성과 의견을 갖고 있다고 믿는 것이다. 예를 들어 어떤 사람이 '원자력 발전소 건설에 다수의 사람이 찬성한다'라고 생각한다면, 그것을 원자력 발전소 건설과 관련한 사회적 실재로 간주하는 것이다.

사회적 실재에 관한 인식은 의견을 형성하는 데 중요한 역할을 한다. 이러한 인식은 사람들이 획득하는 모든 감각 정보에 기초하여 형성된 태도라고 할 수 있는데, 감각 정보를 통해서 얻게 되는 인식은 한계가 있으며, 따라서 타인과 세상에 대한 인식은 불완전하고 부정확할 수밖에 없다.

### 검색 순위와 의제 설정 효과

2019년 8월 27일경 조국 전 법무부 장관에 대한 논란이 일어났을 때, 네이버Naver와 다음Daum의 실시간 검색어 순위에 '조국 힘내세요'가 등장했다. 이 검색어는 당일 네이버 실시간 급상승 검색어에 진입한 이후 한 시간 만에 1위에 올랐다. 조국 전 법무부 장관을 지지하는 그룹들이 시간대를 정해 검색량을 늘리고 실시간 검색어 순위에 오르기 위해 인위적으로 노력한 것이다. 한편, '조국 힘내세요'가 실시간 검색어 1위에 오르자 조국 전 법무부 장관 임명을 반대하는 세력은 '조국 사퇴하세요'를 검색하기 시작했다. 이 검색어 역시 빠르게 순위가 상승해 검색어 '조국 힘내세요'와 실시간 검색어 1위를 다투었다. 정반대라고 할 수 있는 두 가지 여론 동향이 실시간 검색어 1, 2위를 차지하는 모습이 연출된 것이다. 이러한 검색 순위를 접한 사람들은 무슨 생각을 했을까? 현시점의 다른 사람들이 어떤 생각을 하는지, 즉 여론이 어떠하다고 생각했을까?

현재 실시간 검색어 서비스는 실시간으로 포털 사이트 이용자의 관심사와 그 흐름을 검색어 순위로 보여 준다. 국내의 포털 사이트인 네이버와 다음은 각각 '실시간 급상승 검색어', '실시간 이슈 검색어'라는 이름으로 실시간 검색어 서비스를 제공하고 있다. 이때 실시간 검색어는 검색어의 절대적인 양이 아닌 일정 시간(네이버, 다음 기준 1분) 동안 검색량이 급증한 비율에 따라 순위가 매겨지는 것으로 알려져 있다. 검색어 서비스를 사람들이 얼마나 이용하는지는 2018년 한국언론진흥재단이 진행한 '언론수용자 의식조사' 가운데 포털 사이트 뉴스의 이용 형태 조사(샘플 5,040명)를 보면 잘 알 수 있다. 조사 결과에 따르면, "실시간 검색 순위에 오른 인물이나 사건을 찾아 이용한다"라는 항목에서 '매우 그렇다'와 '그런 편이다'를 선택한 이용자가 52.1%로 나타난 반면, '그렇지 않은 편이다'와 '전혀 그렇지 않다'를 선택한 이용자는 29.9%였다('모름/무응답' 18%). 이처럼 적지 않은 사람들이 높은 순위의 검색어를 주목하고 활용한다. 따라서 실시간 검색어는 여론에 영향을 미치며, 의제 설정의 효과를 통해 여론을 반영하고 있는 것으로 쉽게 오해되기도 한다(언론진흥재단, 2018).

의제 설정 효과는 매스 미디어가 어떤 특정 테마를 뉴스로서 매일 다루면 점차 많은 사람이 그러한 테마에 관심을 두게 되고, 그것이 화젯거리가 되어 여론을 형성할 수 있다고 가정하는 것이다. 즉, '정보를 받은 사람들의 관심을 특정의 대상으로 향하게 하는 것'을 의제 설정 효과라고 할 수 있다. 하지만 디지털 테크놀로지가 발전된 현시점에서는 '관심사를 알고 나서(맞추어) 해당 정보를 제공한다'로 방향이 다소 변하고 있다. 즉, 인터넷 혹은 디지털 환경에서는 미디어측에서 일방향적으로 특정 테마에 대한 뉴스를 보내는 것이 아니라, 먼저 이용자(시청자)가 관심과 반응 등을 표출한 뒤에 그에 대한 정보를 제공하는 것이 주를 이룬다. 미디어가 의제 설정을 주도하는 것이 아니라 이용자 스스로가 의제를 설정한다는 것이다. 이러한 '의제 설정'에 크게 영향을 미치는 것이 이용자들의 검색 행동, 특히 '검색 순위 정보'이다. 나와 비슷한 타인들이 무엇에 관심을 두는가에 대해서는 누구나가 궁금해 할 것이며, 그것이 검색 순위 정보에서 보인다면, 이는 사람들의 의제 설정에 크게 영향을 미칠 수 있다. 즉, 순위가 높은 실시간 검색어는 세상 사람들의 관심사임과 동시에 의견의 방향을 파악하도록 한다는 점에서, 전통적인 매스 커뮤니케이션 이론의 의제 설정이란 효과 기능을 가질 수 있다. 혹은 역으로, 의제 설정 효과를 얻기 위해서 검색 순위를 설정한 것이라고도 상상해 볼 수 있다. 다시 말해 수많은 정보가 끊임없이 제공되는 현재의 디지털 미디어 상황에서 신속하게 세상을 읽어 내는 수단으로서, 검색 순위라는 정보는 사람들에게 의제 설정을 유도하는 중요한 역할을 수행하고 있는 것이다.

나아가 디지털 미디어가 검색어를 통해서 의제 설정 효과를 만들어 낼 수도 있다. 이를 응용하여 '실시간 검색어' 혹은 '검색 순위 상위의 키워드'는 광고에서도 유용하게 사용될 수 있다. 즉, '실시간 검색어'가 무료 광고로서 기능하기도 한다. 실제로 최근 국내 대표 포털 사이트인 네이버의 실시간 검색어 순위는 기업의 상품이나 이벤트를 위한 광고판이 된다는 지적을 받고 있다. 새로운 마케팅 형태로 떠오르는 '실검 광고'는 광고용 검색어를 급증시켜 실시간 검색어 순위에 오르게 해 네티즌의 관심을 끄는 방식이다.

이처럼 디지털 미디어에서 소비자들의 개별적인 반응과 메시지가 하나의 덩어리(집단) 형태로 보이기 시작하면 이는 사회적 실재로 받아들여지기 쉽고, 다시 사람들을 설득하는 방식으로 활용될 수도 있다. 하나의 예로서, 2019년 국정 감사에서 보고된 바에 의하면, 2019년 9월 1일부터 19일까지 일정한 시간대의 실검 키워드를 분석한 결과, 실검 1위에 오른 키워드 19개 중 15개(78.9%)가 기업의 상품 홍보를 위한 초성 퀴즈 이벤트였으며, 대개 실시간 검색어 4개 중 하나는 기업 광고라고 한다(IT조선, 2019.10.1.). 만일 해당 시기에 이들 광고성 검색어의 매출 데이터의 변화를 확인할 수 있다면, 검색어의 의제 설정 효과 및 마케팅 효과를 더 명확하게 밝힐 수 있을 것이다. [그림 8]은 실시간 검색 순위가 마케팅에 사용된 사례이다.

이처럼 실시간 검색어 순위 상위에 특정 브랜드를 노출시키는 방식으로 마케팅 효과를 도모하는 경우가 적지 않지만, 실시간 검색 순위가 갖는 순기능으로서 앞에서 언급한 의제 설정 기능 외에도 실시간으로 유용한 사회적 이슈 및 긴급 정보를 제공한다는 측면 역시 존재한다는 사실을 알아야 할 것이다. 예를 들어, 지난 2021년 3월 23일 오전 8시경 안드로이드 스마트폰의 '앱 먹통' 사태가 터졌을 당시, 이용자들의 피해는 상당히 컸었다. 한 이용자는 "카카오톡 문제가 있는

| | | | | | |
|---|---|---|---|---|---|
| 1 | 위메프 패션반값 | 1 | 위메프복권 | 1 | 이의정 |
| 2 | 황보라 | 2 | 경기지역화폐 | 2 | 김현철 정신과의사 |
| 3 | 차현우 | 3 | 효린 | 3 | 한국 남아공 |
| 4 | 큐넷 | 4 | 이동휘 | 4 | 위메프 패션왕 |
| 5 | 임창용 | 5 | 제주공항 | 5 | 신림동 |
| 6 | 유시민 | 6 | 효린 학폭 | 6 | 원더투어 제주항공 |
| 7 | 의정부 일가족 | 7 | 에뛰드 하우스 | 7 | 국일제지 |
| 8 | 하정우 황보라 | 8 | 양현석 | 8 | 시서스가루 |
| 9 | 유니온 | 9 | 효린 카톡 | 9 | 최상주 |
| 10 | 주저흔 | 10 | 박형수 | 10 | 김희영 |

그림 8. 실시간 검색어 순위가 마케팅에 사용된 사례(네이버 실검, 2019년 5월 22일, 27일, 29일)

줄 알고 재설치를 했다. 저장된 메시지와 사진이 다 날아갔다"라고 호소했다. 또 다른 이용자는 "업무를 할 수가 없어 지각을 감수하고 서비스 센터에 갔다. 결과적으로 헛걸음이었다"라고 한탄했다. 그리고 사람들의 요구 사항은 하나로 귀결됐다. 지난 25일에 폐지한 네이버 실시간 검색어(실검)를 살려 내라는 것이었다. 실검에 '앱 먹통' 키워드가 올라갔다면 많은 이용자가 '기기 문제'가 아님을 알았을 것이며, 성급하게 조치하지 않았으리란 것이다. 사람들은 실검이 사회의 축소판이며, 실검이 없어짐으로써 사회의 이슈를 따라가지 못하겠다는 반응을 보이기도 하였다(New1, 2021.03.27.)

## 디지털 미디어에서의 공신력과 수면자 효과

설득 커뮤니케이션에서는 커뮤니케이터의 공신력이 중요시된다. 누가 말했는지, 즉 누가 메시지를 생성하고 전달하는지가 메시지에 관한 신뢰나 태도 변화에 크게 영향을 미친다. 다시 말해, 공신력이 낮은 정보원에 의해서 생성된 메시지는 사람들에게 신뢰를 얻기 어렵고 태도를 변화시키는 데 큰 영향을 미치지 못할 수 있다. 하지만 설득 커뮤니케이션의 수면자 효과Sleeping Effect에 의하면, 공신력이 낮은 정보원에 의해 만들어지거나 전달되는 메시지라고 해도, 사람들이 메시지에 노출되고 난 직후보다 얼마간 시간이 지난 후에는 더 많은 설득, 즉 태도 변화가 발생한다. 요컨대 수면자 효과란 시간이 흐르면서 정보원과 메시지가 분리되어 낮은 공신력으로 인해서 억제되었던 설득력이 높아지는 것이다[그림 9].

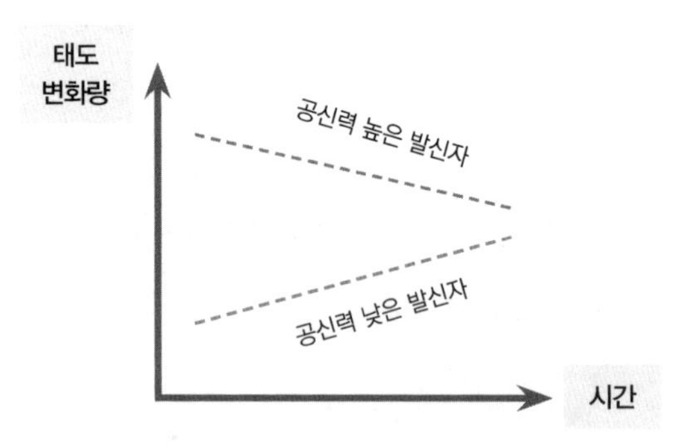


그림 9. 디지털 미디어의 발신자 공신력과 태도 변화량에 관한 수면자 효과

오늘날 디지털 환경에서 생성되는 메시지는 정보원이 누구인지도 알기 어렵다. 또한, 정보원의 공신력을 주목하기도 어려운 상황에서 수많은 메시지가 생성되고, 복제되고, 확산된다. 사람들은 이렇게 신뢰하기 어려운 메시지에 따라 쉽사리 태도나 의견을 바꾸지 않을 것이라고 생각하지만, 수면자 효과에서 가정하듯이, 전혀 근거 없는 메시지에 의한 설득력도 시간이 지나면서 증가하는 현상을 발견할 수 있다.

오늘날 많이 이용하는 유튜브YouTube의 정보는 그 출처가 모호하여 사실이 아닐 수도 있다고 모두가 생각은 한다. 그러나 자극적이고 과장되게 표현된 정보(메시지)에 의해서, 시간이 지남에 따라 출처는 잊어버리지만 정보(메시지)는 기억에 남는다. 그렇게 사람들은 그것을 사실로 믿게 된다. 실제로 유튜브의 건강 관련 정보, 주식 투자 정보 등에는 비상식적이고 비논리적인 것도 있지만, 이에 설득되는 사람들이 적지 않은 현상을 주위에서도 쉽게 찾아볼 수 있다.

디지털 미디어에서의 공신력과 관련된 설득 사례로서 온라인 사이트에서의 상업적 광고도 들 수 있다. 광고는 상업적 목적을 가진 정보로 취급되며, 정보원의 공신력이 낮다고 할 수 있다. 이러한 낮은 공신력은 광고 메시지의 초기 설득력을 억제하고, 소비자들은 주어진 광고 메시지를 그대로 믿으려 하지 않는다. 하지만 정보원의 공신력이 낮아서 설득의 효과가 낮게 나타난 광고도, 시간이 지남에 따라서 해당 메시지(정보)를 어디서 얻게 된 것인지를 망각함으로써(정보원과 정보의 해리 현상), 메시지만이 기억에 남아 설득 효과를 다시 불러일으킬 수 있다. 더욱이, 디지털 미디어에서의 광고는 메시지의 출처와 관련된 공신력에 대하여 착각을 일으키거나 조정하는 것도 용이한 편이므로, 공신력을 위장하여 높은 설득 효과를 얻으려는 시도 역시 빈번하게 일어난다. 예컨대, '누구의 추천'이라든가, '○○ 연령층에서 가장 많이 사용하는 상품'이란 문구는 모두 공신력을 높이려는 시도의 일환이며, 이를 통해 설득 효과를 높이려는 하는 것이다. 광고를 기사처럼 제공하는 '네이티브 광고' 방식도 디지털 미디어에서의 설득 메시지 사례로 쉽게 찾아볼 수 있다. 즉 광고임에도 신문 기사처럼 작성된 네이티브 광고는 광고의 낮은 공신력으로 인해 메시지의 설득력이 낮아지는 현상을 억제하려는 것으로 볼 수 있다.

## 디지털 미디어의 맞춤화와 설득

### 디지털 미디어에서의 선택적 접촉(이용)

인터넷과 같은 디지털 미디어는 매스 미디어와 비교할 때 접촉하는 내용의 선택성이 높으므로, 사람들의 사전 태도(선유경향)와 일치하는 정보 방향으로 선택적 접촉이 발생하기 쉽다. 이는 사람들이 접하는 정보 환경에서의 편향을 가져올 뿐만 아니라, 정치적 태도의 양극화를 일으켜 민주적 의사 결정 프로세스의 비용을 높일 것이라는 우려도 불러 일으키고 있다. 그러나 '선택적 접촉'이라고 하더라도 무엇에 근거한 선택적 접촉인가에 따라서 논의의 수준은 달라질 수 있다. 선택적 접촉의 가능성을 ① 당파적 양극화설, ② 이슈 퍼블릭 가설, ③ 어텐티브 퍼블릭 가설 등 세 가지로 분류하는 Iyenger & McGrady(2007)를 토대로, 미국의 연구 결과를 살펴보고자 한다.

먼저 당파적 양극화 가설은, '보수/리버럴(진보)' 및 '공화당 지지/민주당 지지'라고 하는 당파성에 따라서 선택적 접촉이 발생한다는 것이다. 미국에서는 사회 조사 연구를 통해 당파적인 선택적 접촉의 효과가 이전부터 반복해서 보고되고 있다(Kobayashi & Ikeda, 2009). 예컨대, 2008년 미국 대통령 선거의 데이터를 분석한 결과를 보면, 특히 젊은 층을 중심으로, 정치 성향이 높은 인터넷 이용자들이 당파적으로 동질적인 관점을 지닌 인터넷 뉴스를 더 많이 보는 것으로 나타났다. 나아가 디지털 미디어를 통한 뉴스의 접촉 행동 그 자체를 '로그 데이터'로서 기록하는 것이 용이해짐에 따라 실증적 연구도 축적되고 있다. Iyengar & Hahn(2009)는 Fox(보수 성향), CNN(진보 성향), NPR, BBC의 4개의 채널 중에서 어떤 쪽(공화당 지지/민주당 지지)이든 하나의 라벨이 붙은 뉴스 스토리를 피험자에게 제시하고, 어느 쪽을 선택하는지 실험을 통해 확인하였다. 그 결과, 공화당 지지자는 Fox 라벨이 있는 뉴스 스토리를 선택하였고, 민주당 지지자는 Fox를 선택하지 않는 경향을 보였다. 이는 당파성에 근거한 선택적 접촉이 발생한다는 사실을 시사한다.

더욱이 이러한 당파적 선택(뉴스 접촉)은 정치 뉴스만이 아니라 스포츠, 여행 등과 같은 소프트한 뉴스에서도 나타나고 있었다. 마찬가지로, Nie et al.(2010)은 CNN 시청자 중에서 인터넷 이용자가 비 이용자보다 더 리버럴(진보)이었으며, 반면에 Fox 시청자 중에서 인터넷 이용자는 비 이용자보다 더 보수적이라는 사실을 발견하였다. 이는 당파성이 높은 유권자들이 인터넷을 이용한 선택적 접촉을 통해 뉴스 소비를 보완하고 있을 가능성을 제시한다.

한편, 기사 선택 레벨에서 본다면 당파적 선택적 접촉은 기대만큼 강하게 발생하지는 않은 것으로 보고되고 있다. Iyengar et al.(2008)은 당파적 선택적 접촉 이외에도 개인적으로 중요하다고 생각하는 쟁점에 관한 정보에 선택적으로 접촉한다고 하는 '이슈 퍼블릭' 가설, 정치적 관심이 높은 계층이 모든 종류의 정보에 접촉한다는 '어텐티브 퍼블릭' 가설을 검증하고자 했다. 이를 위해 미국의 유권자(피험자)에게 2000년 미국 대통령 선거 캠페인의 정보를 담은 CD를 보내고, 사람들이 CD에서 어떤 정보를 열람하는지에 관한 트레킹(열람 기록 추적) 데이터를 수집하였다. 그 결과, 당파적인 선택적 접촉의 효과는 보수파를 제외하고는 크지 않았으며, 오히려 쟁점을 근거로 선택적 접촉이 생겼다는 사실이 밝혀졌다 즉, 사전 태도인 정당 지지가 선택적 접촉을 좌우하는 것은 아니었으며, 헬스 케어나 교육 등 유권자가 개인적으로 관련하는 쟁점에 관한 선택적 접촉이 발생하고 있었다. 이는 앞서 말한 이슈 퍼블릭 가설을 지지한다고 할 수 있다. 한편 정치적 관심이 높은 사람은 어떤 정보라도 접촉하는 경향이 높았으며, 이는 어텐티브 퍼블릭 가설을 지지한다고 할 수 있다.

인터넷 뉴스 접촉의 선택성이 시청자의 주요 관심사, 즉 쟁점 중요도 인지를 근거로 발생한다는 실증 연구들이 제시되고 있다. 예컨대, KIM(2008)은 인터넷 이용하기 이전에 TV를 접촉(시청)하는 것이 그 후의 인터넷 뉴스 열람에 어떻게 영향을 미치는지 실험을 통해서 검증하였다. 그 결과, 인터넷 이용 이전의 TV 접촉(시청)의 내용과 상관없이, 개인 스스로 중요하다고 생각하는 쟁점에 대한 정보를 인터넷을 통해 선택적으로 열람하는 경향을 보였다. 즉, 이 결과 또한 인터넷에 의한 뉴스 접촉이 '이슈 퍼블릭'의 형성을 촉진할 가능성을 시사한다.

## 맞춤형 추천 뉴스와 설득

디지털 테크놀로지의 발전, 특히 인공지능 기술의 발전으로 이용자의 선호와 취향에 맞는 콘텐츠를 제공해 주는 뉴스 서비스가 가능해졌다. 특히 국내에서 영업 활동을 하는 네이버, 카카오Kakao, 구글Google, 페이스북Facebook 등 모든 디지털 미디어 기업은 기사에 대한 이용자들의 접근성을 높이고 편의를 증진시키는 방안으로서 맞춤형 추천 뉴스 서비스에 적극적으로 참여하며 경쟁하고 있다. 뉴스 추천 서비스는 뉴스의 생산 단계(속보 자동 작성, 기사 요약), 뉴스 유통 단계(추천 시스템, 개인화된 콘텐츠), 혹은 뉴스 검토(가짜 뉴스 탐지) 등 다양한 영역에서 알고리즘을 적용하고 있는 것으로 알려져 있다. 이러한 맞춤형 추천 뉴스 서비스는 앞 절에서 언급한 것처럼 '당파적 선택적 접촉 가설'보다 '이슈 퍼블릭 가설'이 더 많은 지지를 얻고 있다는 점에서 힘을 받고 있다고 볼 수 있다.

전통적인 미디어의 뉴스 시스템은 불특정 다수에게 동일한 내용의 콘텐츠를 제시하지만, 개인화된 맞춤형 추천 뉴스는 이용자마다 노출되는 뉴스가 달라진다. 평소 뉴스 이용 행태를 기반으로 이용자가 관심을 가질 법한 뉴스를 선별하여 제시하기 때문이다. 예컨대 현재 네이버가 제공하고 있는 에어스Airs는 이용자가 선호할 만한 콘텐츠를 추측하여 적합한 항목을 제공하는데, 이때 기존 대규모 이용자들의 뉴스 시청 행동을 분석하여 해당 이용자와 비슷한 사람들이 선호하는 항목을 추천한다. 즉, 이용자 A가 특정 뉴스를 봤다면, 동일한 뉴스를 본 이용자 B나 C가 즐겨본 다른 뉴스를 데이터에 기반하여 자동 추천해 주는 시스템이다. 나이, 성별, 이용 내역, 관심 영역, 관점, 취향 등에 따라 이용자가 관심을 가질 만한 주제의 기사를 묶음 형태로 추천하는 자동 큐레이팅 서비스로서, 뉴스 이용자에 따라 서로 다른 뉴스 기사에 노출되는 것이다. 이러한 맞춤형 뉴스(정보)는 사람들의 태도의 강도를 높이고 행동을 강화하는 등 설득에 매우 긍정적인 영향을 미칠 수 있다.

맞춤형 뉴스 서비스에 대한 평가 혹은 전망은 다양한데, 이에 대한 몇 가지 주장을 같이 검토해 보자. 알고리즘에 의한 뉴스 추천 서비스가 개인의 선호, 취향을 정말 정교하게 예측할 수 있을지, 사람들의 이용 행태가 항상 일관된 것일지, 나아가 자신의 선호를 예측해서 제공되는 뉴스(정보)를 언제나 긍정적으로 받아들일지 등에 대한 물음은 여전히 존재한다. 이러한 문제들은 이용자 측면에서 본 맞춤형 뉴스에 대한 전망 및 한계점으로 생각해 볼 여지가 있다.

(1) 관심사는 변할 수 있다

사람들의 관심사는 변화한다. 관심 있는 주제나 대상이 시간이나 상황이 달라짐에 따라 다른 영역으로 이동할 수 있다. 심지어 자기 자신도 오늘과 내일의 관심사에 대해 정확히 예측하지 못한다. 관심도와 관여도가 지속적으로 높은 대상은 있을 수 있으나, 대부분의 관심사는 그날 이슈가 무엇이었는지, 내 상태나 상황에 따라서 시시각각 달라진다.

(2) 알고리즘 기술에 대한 신뢰가 아직은 낮은 편이다

사람들은 현재의 알고리즘 기술이 완벽하다고 생각하지 않으며, 이 기술이 개인의 선호를 완벽하게 파악해서 맞춰 줄 것이라고도 생각하지 않는다. 해당 주제에 관하여 2019년 행해진 심층 인터뷰의 결과에 따르면, 알고리즘이 단순한 관심 영역과 주제는 파악할 수 있어도 이용자의 가치나 성향에 대해 정교하고 세세하게 파악하는 것은 그 자체로 불가능하다는 관점이 지배적이었다. 이러한 생각은 아직 주어지는 맞춤 정보에 대한 신뢰가 낮다는 것을 의미한다.

(3) 자신의 선호와 가치를 예측 당한다는 데 대한 반감과 반발심도 존재한다

만약 맞춤형 뉴스가 정확하게 자신의 선호와 취향을 맞춰 준다면 이러한 서비스를 사람들은 긍정적으로만 받아들일까? 개인화된 맞춤형 추천 뉴스는 자신이 어떤 성향의 사람이라는 암묵적인 사회적 라벨 implicit social label 역할을 할 수 있다. 이용자는 자신에게 노출된 뉴스를 토대로 자신이 어떠한 사람인지를 스스로 판단하는 자기 지각을 발생시킬 수 있다. 예컨대, 내가 이러한 정치 성향, 취향을 가졌기 때문에 나에게 이러한 뉴스가 제시되었다고 추론할 수 있다. 만약 그러한 성향이나 취향을 스스로 인정하고 싶지 않거나, 타인이 자신에게 평가를 내리는 상황이라고 받아들인다면, 자신이 분석 당하고 예측 당하는 데 대한 반발감이나 반감을 유발할 수 있다.

(4) 뉴스 선택에 대한 결정권 상실을 선호하지 않는다

사람들은 누구나 어떤 정보나 대안을 선택할 때 주체적으로 움직이고자 한다. 자신이 능동적으로 '선택한 뉴스'와 수동적으로 '노출되어진 뉴스'를 동일하게 생각하지 않는다. 사회나 뉴스에 관여하고, 적극적이고 능동적으로 선택하려는 이러한 주체성은 개인화된 추천 뉴스 서비스에 대한 반응에 중요한 영향을 미칠 수 있다. 실수를 하거나 시간이 오래 걸릴지라도, 사람들은 자신의 노력으로 무언가 찾아내는 과정을 다른 누군가가 타율적으로 완벽하게 세팅해서 주입하는 것보다 선호할

수 있다. 즉, 알고리즘에 의한 선별 과정에서 특정 뉴스에만 노출될 수 있다는 사실은 자신이 뉴스나 정보를 선택하는 자유를 누군가(AI, 특정 기관, 특정 업체)가 침해한다는느낌을 사람들에게 줄 수 있다.

## 맞춤형 광고와 구독 경제

인터넷을 기반으로 한 디지털 테크놀로지는 개인의 필요와 욕구에 맞는 정보를 제공함으로써 설득 도구로서의 역할을 수행한다. 다수를 대상으로 하는 정보에 비해 이러한 맞춤 정보는 사람들의 태도와 행동의 변화를 유도하는 데 효과적이다. 맞춤형 정보의 예로서, 금융사의 웹사이트는 개별 고객들이 자신의 수입이나 가족 상황 등 간단한 정보를 입력하면 해당 고객별로 최적화된 보험 상품을 즉시 추천한다. 이와 달리 맞춤형 광고는 고객의 동선(온라인상의 이동 행적) 정보를 축적해 두었다가 해당 소비자에게 적합한 상품 정보나 광고를 노출하는 것을 말한다. 맞춤형 정보와 맞춤형 광고는 실제 구매로까지 이어지는 효과가 높은 것으로 알려져 있다. 또한 맞춤형 광고는 '리타깃 광고'라는 영역으로도 응용되어, 재구매 혹은 추천 행동을 유도하는 등 광고 효과를 높이는 데 크게 기여하고 있다.

맞춤형 광고가 효과를 더욱 높일 수 있는 새로운 영역으로서, 최근 구독 경제subscription economy가 주목받고 있다. 구독 경제는 1회 혹은 단발성의 제품 구매(서비스, 혹은 정보나 뉴스 등의 콘텐츠)가 아니라 일

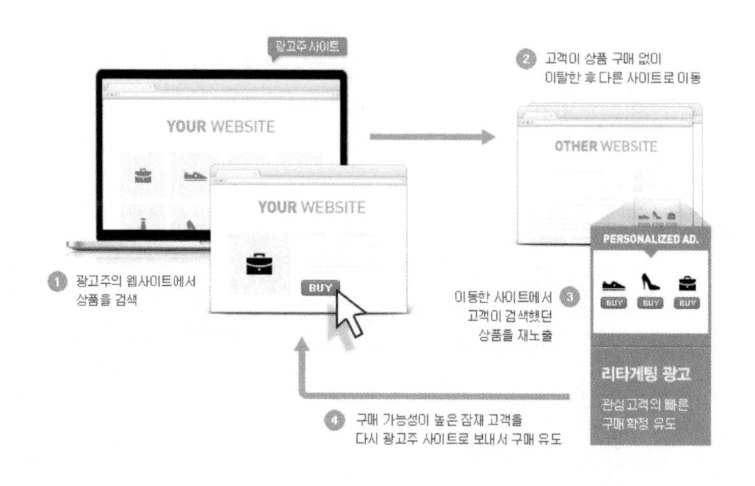


그림 10. 맞춤형 도구로서의 디지털 테크놀로지 리타켓팅 광고의 전개

정 구독료를 지불하고 정기적으로 제품을 받거나 콘텐츠 등을 이용할 수 있는 비즈니스 모델을 말한다. 이전에는 신문이나 우유처럼 매일 같이 소비하는 상품 영역에 그쳤던 구독 경제가 디지털 테크놀로지의 발전과 함께 제품 이외의 서비스 영역에까지 크게 확장된 것이다. 예컨대, 버거킹Burger King은 한 달에 단돈 5달러로 매일 커피를 한 잔씩 먹을 수 있는 커피 구독 서비스를 출시했다. 매일 아침 집 앞에 셔츠를 배송해 주는 구독 서비스도 등장했다. 최근에는 식품, 화장품, 세면용품, 커피, 주류, 꽃, 그림 등 거의 모든 제품에 대한 구독이 가능해졌으며, 이에 따라 시장 규모도 빠르게 커지고 있다.

이러한 구독 경제가 가장 크게 영향을 미치고 있는 시장은 '디지털 콘텐츠' 영역이다. 특히 인터넷을 통해 방송 프로그램, 영화 등을 제공하는 OTTOver-The-Top가 세계의 미디어 시장과 디지털 콘텐츠 시장을 크게 바꾸고 있다. '구독 경제'의 핵심은 상품에서 서비스로의 전환인데, 단순히 하나의 상품(서비스)을 판매하는 것을 넘어 소비자의 성향이나 가치를 파악하여 이들이 원하는 구독 서비스를 만들어 내고 있다. 특히, O2O(Online to Offline) 업계에서는 'subscription'에 단순한 '구독'이라는 의미를 넘어 '개인화'라는 의미를 추가하고 통용하고 있다. 넷플릭스Netflix, 왓챠Watcha 등의 구독 서비스는 매달 사용료를 지불하고 콘텐츠를 시청하는 IPTV 서비스와 비슷해 보이지만, 이들의 차별화 포인트는 바로 콘텐츠의 '추천 기능'에 있다. 가입자의 취향을 분석해 메인 화면에 그들의 취향에 어울리는 영상 콘텐츠를 자동으로 노출해 주는 개인화 추천 기술을 적용한 것이다. 예를 들어 사용자가 마블의 영화인 〈어벤져스〉를 시청했다면, 이후 넷플릭스에 접속 시에 자동으로 〈아이언맨〉, 〈토르〉, 〈닥터 스트레인지〉 등 비슷한 장르의 히어로 무비를 노출해 주는 방식이다. 덕분에 넷플릭스에 입문한 사람들은 돌이킬 수 없는 중독을 호소한다. 이외에도 넷플릭스는 다양한 알고리즘 기술을 활용해 전 세계 많은 사람을 '몰아보기'의 세상에 빠지게 만들었다. 이는 디지털 테크놀로지의 발전이 맞춤화와 개인화라는 요소와 접목했기 때문으로 여겨진다.

## 디지털 미디어의 암묵적 설득

인터넷을 기반으로 하는 디지털 미디어는 우리의 삶 전체에 큰 영향을 미치고 있으며, 그중에서도 우리의 생각과 행동을 바꾸는 설득 커뮤니케이션 영역에 많은 변화를 가져오고 있다. 고도로 발전해 가는 디지털 테크놀로지는 갈수록 더 정교한 방식을 사용하여 의식적, 무의식적으로 우리를 설득하고, 무한에 가까운 그 정보들이 어디에서 비롯된 것인지, 나아가 그들이 사실인지 아닌지 알기 어려운 우리는 나날이 혼란스러워진다. 우리가 눈치 채지 못하는 방식으로 매일같이 판단과 선택을 강요하는 디지털 미디어의 정보들을 어떻게 이해하고 받아들여야 하는지, 다시 한번 진지하게 돌아볼 필요가 있을 것이다.

## 그림과 표의 출처

**그림 1.** Fogg, 1999, p.28.

**그림 2.** 동아일보, 2018.04.02.

**그림 3.** 미국 항공 우주국의 NASA Kid's Club 홈페이지 (2021.04.07.)

https://www.nasa.gov/kidsclub/index.html

**그림 4.** (왼) FXMIRROR의 AR 디지털 피팅 룸 설명 화면 (2021.04.07.)

http://fxmirror.net/ko/fitnshop

(오른) The Sims Mobile 애플리케이션 설명 화면 (2021.04.07.)

https://www.ea.com/games/the-sims/the-sims-mobile/news/treasure-hunt-update

**그림 5.** ADIDAS Running by Runtastic 애플리케이션 설명 화면 (2021.04.07.)

https://play.google.com/store/apps/details?id=com.runtastic.android&hl=ko&gl=US

**그림 6.** (왼) 스테이 스트롱 캠페인 로고 만들기 홈페이지 (2021.04.07.)

http://staystrong.com.s3-website.ap-northeast-2.amazonaws.com/

(오른) 알리 벤슨의 스테이 스트롱 티셔츠 펀딩 홈페이지 (2021.04.07.)

https://m.happybean.naver.com/crowdFunding/Intro/H000000172049

**그림 7.** 엠브레인 트렌드 모니터, 2018.02.

**그림 8.** 인터비즈, 2019.05.31.

**그림 9.** Gass & Seiter, 2003, 재구성.

**그림 10.** Cafe24의 리타게팅 광고 설명 홈페이지 (2021.04.07.)

https://cmc.cafe24.com/cmc/cpm/tgg/tgg_rtg_vie.php?gtm=4

# 02

# 디지털 저널리즘, 가짜 뉴스와 팩트 체크

이민규

코로나19 시대를 맞이하여 전 세계는 가짜 거짓 정보가 사회의 공적 커뮤니케이션을 위협하는, 이전에는 상상하지 못했던 상황에 직면하게 되었다. 뉴스 홍수 시대를 맞이하여 아이러니하게도 언론은 신뢰의 위기에 직면하고 있다. 뉴스의 진실성이 그 어느 때보다도 크게 도전받는 현재이다. 디지털 공간은 방심한 틈을 노려 공론을 논의하는 광장에서 번잡한 시장으로 변했고, 뉴스는 공정성을 잃고 필터 버블 속으로 빠져들고 있다(박영흠, 2019). 이 장에서는 과연 코로나19 시대에 우리가 접하는 가짜 뉴스란 무엇인지 알아보고, 이를 극복하기 위한 알 권리의 한 방법인 팩트 체크와 구체적 실천 방안에 대해서 살펴보고자 한다.

## 코로나19 시대,
## 변화하는 미디어 지형

2019년 말 중국에서 발원하여 밀물과 같이 전 세계로 확산된 코로나19는 초기에는 단순히 중국에서 발생한 '중국형 감기 바이러스' 정도로 가볍게 여겨졌다. 그러나 겨울을 맞이하여 3차 대유행이 진행된 2020년 12월 이후, 코로나19는 100년에 한 번 발생할까 말까 한 세기적인 대유행Pandemic이었음이 밝혀졌고, 근현대사를 통틀어 인류의 역사를 바꾼, 그 어떤 것보다도 더 강력한 대사건임이 입증되었다. 2019년 12월 말 중국 후베이성 우한을 중심으로 정체불명의 폐렴이 발병했다고 세계보건기구(WHO)에 보고된 지 불과 1년 만인 2020년 12월 말 기준, 전 세계적으로 7,801만 명이 감염되었다. 사망자 역시 감염자의 2.19%에 해당하는 171만 명에 이른다.

호흡기를 통해서 전염되는 코로나19 바이러스의 특성으로 인해 공연, 여행과 항공 산업은 전례 없는 후폭풍으로 고사 직전에 직면했다. 특히 미디어 산업은 코로나19 영향을 받은 산업들 가운데 가장 타격이 심하다(손재권, 2020). 신문, 방송, 영화, 엔터테인먼트, 소셜 미디어 등 예외 없이 모든 미디어 산업의 지형이 코로나19로 인해 바뀌었다. 그 주요 원인은 미디어 활동의 근간인 '이용자 습관'이 크게 바뀌었기 때문이다. 직접 만나 상호 교감을 통해 즐기는 미디어 활동이 감염의 두려움을 피해 사회적 거리를 두고 나 홀로 콘텐츠를 소비하는 미디어 활동으로 급변했다. 대표적인 OTTOver-The-Top* 플랫폼인 넷플릭스, 웨이브Wavve 등의 동영상 스트리밍 서비스Streaming Service는 새로운 '나 홀로' 영화관이자 공연장이 되었다. 미국의 경우 시청자들의 '코드커팅Cord-cutting'이 가속화되어 케이블 TV, 위성 방송 등 유료 방송 플랫폼은 완전히 퇴조했다. 심지어 미국의 미디어 사업자들이 케이블 중심에서 OTT로의 이동하는, 또 다른 의미의 코드커팅 행위도 벌어졌다. 반면, 구독 중심인 넷플릭스는 광고 하락에 영향을 받지 않았고, 사람들이 집에 머무는 시간이 증가함에 따라 매출이 크게 올랐다. 오히려 코로나19의 특수를 한껏 누린 것이다. 집에 격리된 시청자들의 선택을 받아 넷플릭스는 2020년 3분기에만 전 세계적으로 220만 명의 신규 가입자를 늘리는 기록을 세웠다. 그 가운데 한국을 포함한 아시아와 태평양 지역 신규 가입자가 46%를 차지했다.

뉴스 미디어에도 큰 변화가 감지되었다. 코로나19 이전에는 전통적 레거시 미디어Legacy Media에 실망한 뉴스 이용자가 자신이 선호하는 뉴스

---

* 인터넷을 통해 언제 어디서나 장소와 디바이스에 관계없이 방송/프로그램 등의 미디어 콘텐츠를 시청할 수 있는 사용자 중심적인 방송 서비스를 의미한다. 'Over the Top'은 직역하면 '셋톱박스Top을 넘어'라는 뜻으로 셋톱박스라는 하나의 플랫폼에만 종속되지 않고 PC, 스마트폰, 태블릿 컴퓨터, 콘솔 게임기 등 다양한 플랫폼을 지원한다는 의미이며, 하나의 콘텐츠를 다양한 플랫폼에서 시청할 수 있는 실시간 방송과 VOD를 포함한 차세대 방송 서비스를 뜻한다. 통신과 반도체 기술의 눈부신 발달로 스마트 기계가 진화하면서, 디바이스 간의 연동 서비스를 사용자가 쉽게 공유하고 실행하기 위한 기술적인 규격이 만들어지고 있다. 미국 넷플릭스의 대성공 이후 아마존닷컴, Apple, 디즈니 같은 전 세계 수많은 거대 기업이 이를 미래 핵심 서비스로 인식해 시장 선점을 위해 경쟁하고 있다. 국내에서는 해외 OTT 사업자들에 대응하기 위해서 2019년 9월 SK텔레콤과 지상파 3사인 KBS, MBC, SBS가 기존 서비스였던 푹POOQ과 옥수수Oksusu를 합친 웨이브라는 새로운 통합 OTT를 런칭하였다.

그림 1. 코로나19 최대 수혜자, 넷플릭스(Netflix)

를 소셜 미디어를 통해서 활발하게 유통하는 '반향실 효과Echo Chamber'가 유행이었다(Zelizer, 2018). 필터 버블형* 뉴스와 정보를 접하고 상황을 진단하던 습관이 있던 사람들은, 언론사나 포털 사이트에 접속하여 코로나19 확진자와 사망자 상황을 보고 그 심각성을 깨닫게 되었다. 이전엔 카카오톡, 왓츠앱WhatsApp 등 모바일 소셜 네트워크의 정보를 의지하다가 코로나19 발생 이후 TV 방송이나 신문에 나오는 공식적인 뉴스를 선호하게 된 것이다(이민규 외, 2020).

바야흐로 '포스트-진실Post-truth' 시대를 맞이하여, 국내외를 막론하

---

* 2012년 미국 시민단체 무브온Move on의 엘리 프레이저 이사가 《생각 조종자들The Filter Bubble》에서 처음으로 사용한 용어다. '필터 버블'은 개인화된 검색 결과물의 하나로, 사용자의 정보(위치, 과거의 클릭 동작, 검색 이력)에 기반하여 웹사이트 알고리즘이 선별적으로 어느 정보를 사용자가 보고 싶어 하는지를 추측한다. 그 결과 사용자들이 자신의 관점에 동의하지 않는 정보로부터 분리될 수 있게 하면서 효율적으로 자신만의 문화적, 이념적 거품에 갇히도록 한다.

고 많은 미디어 이용자가 주류 미디어의 동기와 신뢰성에 의문을 제기했다(김수미, 2019). 그들은 언론 종사자들이 언론의 사명과 가치를 지키는 기본적인 노력을 하지 않았다고 평가했다. 그러나 코로나19를 계기로 전통 미디어의 신뢰성에 대해 다시 생각하는 움직임이 진행되고 있다. 전통적인 뉴스 매체가 커뮤니티에 정확한 코로나19 관련 뉴스 서비스를 제공하고, 시민들이 중요한 결정을 내리는 데 필요한 정보를 제공했기 때문이다. 코로나19 보도로 인한 '미디어 신뢰'의 회복은 뉴스 미디어 역사상 가장 중요한 '반등의 순간'으로 꼽을 수 있다(손재권, 2020).

많은 언론사가 그동안 '클릭Clickbait'을 유도하기 위한 기사로 낚시를 해왔으나, 지금은 '퀄리티 뉴스'에 신뢰를 보내고 더 큰 관심을 둔다. 유튜브나 페이스북 등 각종 소셜 미디어에 가짜 뉴스가 횡행하면서 진실한 사실에 대한 궁금증이 더 커졌다. 선정적이고 자극적인 폭로성 뉴스보다 개인의 안전과 직결하는 신뢰할 수 있는 정보가 중요하게 되었다. 이에 따라 《뉴욕 타임스》, 《월스트리트 저널》, 《파이낸셜 타임스》 등 유료 구독으로 일찌감치 비즈니스 모델을 전환한 서구 미디어 기업은 코로나19 위기를 기회로 만들었다. 또한 많은 언론인이 코로나19를 계기로 저널리즘의 사명과 비전은 무엇인지 성찰하게 되었다(이민규 외, 2020).

결과적으로 코로나19의 급속 확산에 따라, 정보를 주고받을 때 '믿을 만한 뉴스'를 링크하는지 여부가 중요한 기준이 되었다. 코로나19는

'생명과 안전'과 관련되다 보니, 가짜 뉴스를 전파하는 사람들은 생명과 안전을 위협할 수 있다는 인식을 심어 줄 수 있었다. 뉴스 소비자들은 그동안 뉴스 소스로 삼던 '소셜 미디어'보다 '브랜드 미디어'를 찾기 시작했다. 신뢰받는 정보 출처로서의 '브랜드 뉴스 미디어'가 다시 주목받기 시작한 것이다(손재권, 2020).

이처럼 소셜 미디어보다 전통적인 브랜드 뉴스 미디어를 신뢰하게 된 것은 단순히 '정보 소스'로서만 그러하다는 의미가 아니다. 미디어 이용자들은 코로나19의 발생과 확산을 정부가 어떻게 확인하고 관리하는지에 대해 비판적인 분석을 원했다. 진정한 저널리즘이 필요한 순간, 뉴스 소비자들은 소셜 미디어나 모바일 메신저보다 '브랜드 뉴스'를 찾았다. 이는 곧바로 미디어에 대한 신뢰로 이어졌다. 코로나19는 언론사의 비즈니스 모델을 바꿨을 뿐만 아니라 미디어의 근본이 무엇인지 다시 물었고, 그것이 '신뢰Trust'임을 깨닫게 했다.

사실상 그동안 미디어의 위기는 '비즈니스의 위기'였다기보다는 '신뢰의 위기'였다. 코로나19에 현명하게 대처한 언론사는 독자와 '신뢰'를 다시 구축할 수 있는 계기를 마련하였다. 한 사례로 2020년 5월 24일, 미국 내 코로나19 사망자가 10만 명에 육박한 가운데 《뉴욕 타임스》는 신문 1면을 통편집하여 코로나19로 사망한 시민 1,000명의 이름과 나이 그리고 사망자에 대한 한 줄 소개를 파격적으로 게재했다. 이 *NYT* 기사 〈미국 사망자 거의 10만 명, 헤아릴 수 없는 손실〉은 캘리포니아주 새너제이에 살던 57살 패트리샤 다우드Patricia Dowd의 이름으

"All the News That's Fit to Print"

The New York Times

Late Edition

VOL. CLXIX ... No. 58,703 NEW YORK, SUNDAY, MAY 24, 2020 $6.00

# U.S. DEATHS NEAR 100,000, AN INCALCULABLE LOSS

They Were Not Simply Names on a List. They Were Us.

그림 2. 《뉴욕 타임스》 2020년 5월 24일 자 일요판 1면. 미국 내 코로나19 사망자(당시 10만여 명)의 약 1%에 해당하는 1,000명의 부고를 파격적으로 게재하여 독자의 신뢰를 얻었다.

서울신문

1904년 7월 18일 창간 Seoul.co.kr 2020년 11월 12일 목요일

우리가 잠든 사이, 야간노동자들이 스러집니다 - 올 장변기에만 148명

# 아무도 쓰지 않은 부고

울산시 세소업체 노동자 김모씨는 2020년 4월 3일 오후 10시 24분 [illegible] 공장에서 발생한 불을 끄다가 쓰러진 채 발견됐다. 69세. 긴급 이송된 김씨는 7월 7일 오전 4시 숨졌다. 계약직이었던 고인은 2조 2교대 근무를 하며 매일 오후 8시부터 다음날 오전 8시까지 야간노동을 했다.

경북 김천의 담배제조 노동자 김모씨는 2020년 3월 3일 오전 7시 30분 원료 투입 작업 도중 2.3m 높이의 [illegible] 내부로 추락해 숨졌다. 52세. 당일 오전 6시 [illegible]에 출근한 고인은 혼자 작업하던 중 사고를 당했다. [illegible] 공장의 다른 작업자에게 감지됐지만 [illegible] 즉각적인 조치가 이뤄지지 않았다.

생산직 노동자 박모(00)씨는 2020년 8월 12일 오후 8시 26분 경북 [illegible] 부품 제조공장 내부를 [illegible] [illegible]

[illegible]

통계 숫자에 가려진 그들의 죽음과 고단한 밤의 여정을 전합니다

그림 3. 《서울신문》 2020년 11월 12일 자 1면. '아마도 쓰지 않은 부고' 제하에 1면 전체를 할애하고, 야간 노동자 148명의 안타까운 죽음을 심층 보도하여 독자와 노동계로부터 큰 반향을 불러일으켰다.

로 시작한다. 국내《서울신문》도 2020년 11월 12일 자 1면에 야간 노동에서 발생한 148건의 죽음에 관한 산재 기사 〈아무도 쓰지 않은 부고〉를 게재하였다. 이 두 건의 국내외 신문 기사는 개개인의 독자들로부터 신뢰를 회복하기 위한 언론사의 시도로서 좋은 사례로 평가된다.

## 팩트가 흔들리는 대한민국

코로나19 시대를 맞이하여 뉴스 과잉 시대를 접하게 되었지만, 아이러니하게도 언론은 수많은 '가짜 뉴스'와 전쟁 중이다. 공적인 커뮤니케이션이 논의되는 공론장이라고 할 수 있는 뉴스를 통해, 짙은 의도성을 숨기고 있는 가짜와 거짓 정보가 전에는 볼 수 없는 수준으로 과감하게 질주하는 독특한 시대적 상황에 직면해 있다. 소위 '포스트-진실' 시대로 이야기되는 현재와 같은 시대에 가짜 뉴스가 핵심적인 논제로 떠오르고 있다.

전통적으로 뉴스는 시민의 일상적인 삶과 정신에 큰 영향을 미치는, 매우 중요한 합의된 사회적 실천이라고 할 수 있다(박영흠, 2019). 뉴스의 위기, 더 나아가 저널리즘의 위기는 기술적 측면에서 유튜브와 소셜미디어로 대변되는 인터넷 기반 기술의 대중화와 뉴스 창구의 다변화, 그리고 다매체 다채널 시대를 맞이하여 나타난 경제적 환경 변화에서 그 원인을 찾을 수 있다. 포스트 진실 시대를 맞이하여 뉴스는 그 어느 시기보다도 다양한 이해관계가 서로 얽혀 갈등을 유발하는 논란의 공간이 되고 있으며, 이러한 현실은 우리나라뿐만 아니라 전 세계적인 현상이다. 그 배경에서, 믿는 것과 진실에 대한 대중의 신념 형성 과정에 커다란 변화가 일어나고 있음을 직시할 필요가 있다.

포스트 진실 세계의 특징은 이전과 같이 이성적인 논증이나 성찰, 사실 확인이 아니라 개인적 신념과 감정의 호소를 통해 사실과 진실을 평가한다는 점이다(김수미, 2019). 감성적인 개인적 신념이 정치적 결정에 중요한 요소로 활용되면서 진실과 거짓의 경계가 흐려지고, 이에 관한 판단이 무뎌지는 감성적 결정이 사회적으로 확산하고 있다. 우리는 이러한 사례를 일명 '일베'의 극단적 주장, 유튜브를 활용한 가로세로연구소의 갈등적 메시지를 통해 목격할 수 있다. 이와 관련하여 미국의 정치 커뮤니케이션 학자 하신Harsin은 '진실성이 의심되는 진술'이 대중 선동의 중요한 전략으로 사용되며, 구체적으로 일부 정치인은 가짜뉴스나 확인되지 않은 루머의 활용이 통치 효율성을 보장한다고 맹신하고 있음을 주장한다(Harsin, 2006).

한편으로 팩트가 흔들리는 주요 원인으로서 모바일 환경 속에서 소셜 미디어가 뉴스 유통의 중심으로 떠오른 현상도 있다. 스마트폰을 중심으로 한 모바일 정보 환경에서 소셜 미디어가 주된 뉴스 소비 수단이 되었다는 점은 기존 레거시 뉴스 미디어와는 다른 방식으로 뉴스 소비가 진행되고 있음을 의미한다. 뉴스 이용자가 미디어를 이용하는 방법이 달라지고, 이에 따라 생각하는 방식과 여론 형성 과정도 변하였다.

크게 세 가지 차원에서 우리 사회의 뉴스 이용 방식에 변화가 일어나고 있다. 첫째로 집단적 차원의 뉴스 이용이 개인적 차원으로 이동하고 있다. 기존의 매스 미디어는 언론인이 주체가 되어 뉴스 콘텐츠 내용과 편집 방향을 게이트키핑하고 결정하였다. 언론인들이 중요도와 적절성, 편집 방향에 따라 뉴스를 선별하고 배치하며 제작하는 방식으로, 수용자는 취향과 관심이 각각 상이해도 매스 미디어가 전달하는 공통분모의 정보와 지식을 함께 공유하는 특성이 있었다. 그러나 스마트폰을 중심으로 한 소셜 미디어 뉴스 환경에서 개인은 자신이 선호하는 뉴스를 적극적으로 이용하며, 각자의 흥미를 충족하는 편향된 방식으로 뉴스를 소비한다. 이러한 뉴스 편식은 팩트의 전후 맥락을 간과하고 편향된 정보를 그대로 수용하는 허점을 가지고 있다.

두 번째 변화는 뉴스가 제공하는 정보의 형태와 출처를 한눈에 파악할 수 없게 되었다는 점이다. 화면이 작은 모바일이나 속도와 친밀도를 강조하는 소셜 미디어 플랫폼을 통해 뉴스를 접하면서, 형태와 출처를 구분하지 않고 이용하게 된 것이다. 결국 어떠한 조직에서 무슨 의도를 가지고 뉴스를 제작하였는지에 대한 검증 없이 뉴스 내용을 수동적이고 무비판적으로 이용하게 되었다. 정보의 홍수 속에서 뉴스 출처의 신뢰성에 대해 꼼꼼하게 따져보아야 하는데, 현실은 그 반대로 진행되고 있다. 불분명한 출처의 가짜 뉴스가 확산되기 좋은 환경이 조성되고 있다.

세 번째로 매스 미디어와 같은 공적 채널보다는 소셜 미디어와 같은 개인적 관계의 영향력이 증가하고 있다는 점이다. 소셜 미디어는 이용자들의 개인적인 신뢰를 기반으로 한 네트워크이다. 이로 인해 개인은 이성적 측면보다는 친밀도라는 감성적 요소에 의해 팩트를 판단하게 되었다. 팩트가 명확하지 않은 미디어 환경에서 가짜 뉴스는 위력을 발휘할 수 있다. 모바일 이용자들은 뉴스의 정확한 출처와 형태를 제대로 확인하지 않고 소비한다. 선정적이고 자극적인 내용일수록 주목도가 높아지고, 이용자의 정치적 경향이 같을수록 '좋아요', '공유'를 통해 적극적으로 확산된다. 소셜 미디어를 통한 가짜 뉴스는 지인을 통해 전달되기에 일단 믿고 보는 경향이 있다. 비록 가짜 뉴스이더라도 친한 사람이 전해주면 의심 없이 사실로 받아들일 가능성이 크다.

## 가짜 뉴스의 등장과 그 사례

### 가짜 뉴스의 역사와 특성

2016년 영국의 유럽연합 탈퇴인 브렉시트Brexit, 정치 신인 트럼프가 기성 언론을 가짜 뉴스라고 공격하면서 극적으로 미국 대선에서 승리하는 일련의 사태를 거치면서, '가짜 뉴스'는 전 지구적 이슈로 부상하였다. 2017년 콜린스 영어 사전은 가짜 뉴스를 '올해의 단어'로 선정하였고, 같은 해 세계 신문 및 뉴스 발행인 협회(WAN-IFRA) 역시 주목해야 할 저널리즘 이슈로 가짜 뉴스 문제를 거론했다.

하지만 역사적으로 고찰해 볼 때 '가짜 뉴스Fake News'라는 용어는 결코 최근에 생긴 개념은 아니다. 영어권에서 허위 뉴스를 의미하는 용어는 'fake news'보다는 'false news'였다. 1500년대부터 'false news'라는 표현이 문헌에서 발견되며, 'fake news'라는 표현은 1894년 문헌에서 발견된 것이 가장 오래된 기록이다(황치성, 2018). 시간이 흐르면서 그 의미도 변천해 왔다. 1990년대 중반 '가짜 뉴스'라는 용어가 저널리즘에 사용된 초창기 사례는 당시 미국 방송사들이 홍보 회사가 제작하여 방송국에 제공한 영상 보도 자료를 뉴스로 가장해 보도했던 것을 〈TV 가이드〉가 탐사 보도하여 폭로했던 사례이다. 즉 초창기의 '가짜 뉴스'는 뉴스 내용보다는 뉴스 생산과 전달 과정에 있어서 부도덕성을 지적하는 데 사용된 개념이었다(Patterson & Wilkins, 1991). 1990년대 후반 들어 뉴스가 공공성보다는 언론 기업의 영리 목적으로 활용되면서, 타블로이드 텔레비전 쇼, 정치 뉴스와 오락의 경계를 왔다 갔다 하는 토크 라디오 등 새로운 뉴스 장르들이 등장한다. 이 시기에 '가짜 뉴스'는 사실 보도와 근거 없는 주장 사이에서 줄타기하는 타블로이드 저널리즘을 의미하는 데 사용되었다(Harsin, 2006).

그 이후 1990년 후반에는 정치 풍자쇼가 널리 유행하였다. 이 가운데 풍자적인 '가짜 뉴스'는 허구와 비허구 드라마를 결합하여 제작한 것이다. 정치적으로 첨예한 사항에 대한 가짜 뉴스 프레임은 상대편을 비난하는 강력한 수사적 표현으로 사용되었다. 이처럼 역사적으로 가짜 뉴스는 뉴스 풍자News Satire, 뉴스 패러디News Parody, 위조Fabrication, 조작Manipulation, 광고나 홍보Advertising and Public Relations, 그리고 선동Propaganda 등의 요소를 포함하고 있었다(김양순 외, 2019).

### 아일랜드의 역사적 가짜 뉴스 사례

영국의 식민지로서 오랜 기간 핍박받았던 아일랜드는 가짜 뉴스와 관련한 뼈아픈 경험이 있다. 역사적으로 볼 때 아일랜드에서 '가짜 뉴스'를 최초로 언급한 기사는 1908년 영국 의회에서 불거진 논란을 다루었다. 당시 한 아일랜드 의원이 아일랜드 내 폭력에 관하여 허위 기사를 작성하는 영국 주류 언론의 행태를 비판하며 심각하게 문제를 제기했다. 그 시기 아일랜드는 영국의 지배를 받았고, 일제 강점기의 우리처럼 오랫동안 독립을 요구했다. 하지만 영국은 마치 일본처럼 이에 아랑곳하지 않고 계속 아일랜드를 지배하고 있었다.

아일랜드의 독립을 원하지 않는 영국은 전형적인 제국주의 전략을 활용하여 지배의 정당성을 선전하는 데 열을 올렸다. 영국의 선전 전략은 일제 시대에 일본이 한국 식민지 지배를 정당화하기 위해 사용한 수법과 같았다. 그들은 아일랜드를 지속적인 교화와 보살핌이 필요한 무법천지의 나라로 각인시키려 했다. 주류 언론을 포함하여 영국의 모든 언론은 아일랜드에서 발생한 폭력 범죄를 과장하거나 날조한 기사를 지속해서 게재하였다. 아일랜드의 국회 의원뿐만 아니라 20세기 아일랜드 최고의 국민 작가로 칭송받는 제임스 조이스James Joyce 또한 1907년 쓴 글에서 영국 언론의 가짜 뉴스가 아일랜드에 대한 그릇된 인상을 전 세계인에게 각인시키고 있다고 탄식했다.

상황을 용이하게 전달하기 위해 소설가 제임스 조이스는 아일랜드에서 100년 전 발생했던 유명한 살인 사건 재판을 인용했다. 작가와 같은 성을 가진 마일스 조이스Miles Joyce가 억울하게 유죄 선고를 받고 사형당한 사건을 예로 들어 가짜 뉴스의 폐해에 대해 날카롭게 비판했다. 마일스 조이스는 아일랜드어만 사용할 뿐 그 외 지역의 공용 언어인 영어를 할 줄 몰랐다. 그럼에도 그의 재판은 영어로 진행되었다는 데서 문제가 발생했다. 결국 마일스 조이스는 통역사를 고용하여 판사와 소통할 수밖에 없었는데, 그는 말을 장황하게 늘어놓는 스타일인 반면 통역사는 말을 간결하게 하는 성향이라 법정에서 블랙 코미디 같은 상황이 벌어졌다.

판사가 질문하면 피고인 조이스는 신에게 맹세코 자신은 살인을 저지른 적이 없다고, 각종 미사여구를 사용하여 열정적으로 무죄를 장황하게 주장했다. 하지만 그의 긴 답변을 다 들은 통역사는 간단하게 "존경하는 재판장님, 아니랍니다"라는 식으로 매우 축약된 통역을 진행했다. 재판을 지켜보던 방청객들은 이 극명한 길이의 대비 때문에 계속해서 웃을 수밖에 없었다. 결국 사형이 집행되었으나, 이후 마일스 조이스의 무죄가 밝혀졌다.

제임스 조이스는 그 당시 아일랜드가 처한 곤경의 축소판을 은유적으로 풍자한 것이다. 1907~1908년 아일랜드의 범죄율은 유럽 국가 가운데 최저 수준이었지만, 전 세계를 지배했던 영국 언론 매체들은 아일랜드가 무정부 상태로 추락하기 일보 직전이라고 묘사했으며, 만약 아일랜드의 독립을 허용한다면 그 민족을 파멸의 길로 내모는 것과 마찬가지라고 주장했다. 국가적으로 조작된 가짜 뉴스를 통해 그들의 의도를 숨긴 채, 팩트를 왜곡하여 거짓 주장을 펼친 것이다. 마일스 조이스와 달리 그때 이미 대부분의 아일랜드인은 영어를 사용할 수 있었지만, 제대로 된 반박의 목소리는 내지 못했다. 아일랜드의 역사적 가짜 뉴스 사례는 미시적 측면에서 개인들이 경험하는 가짜 뉴스의 폐해가 아닌, 거시적 국가적 차원에서 발생하는 피해를 보여 준다.

그로부터 15년이 지난 후 한 차례 혁명을 경험한 아일랜드는 마침내 원하던 독립을 쟁취했다. 아일랜드가 독립을 성취할 수 있었던 이유 중 하나는 같은 편에 서서 피지배자의 억울한 이야기를 잘 전달하고 국제 여론에 영향을 미친 작가와 기자들의 중요성을 깨달았기 때문이다. 아일랜드가 독립할 무렵 두 명의 아일랜드 출신 작가들이 연속으로 노벨 문학상을 받았다는 사실, 그리고 이후 또 다른 두 아일랜드 작가가 노벨 문학상을 받았다는 사실은 결코 우연이 아니다. 아일랜드 국민은 영국 지배 세력에 의해 영어 사용을 강요당하고 모국어인 아일랜드어가 거의 말살될 뻔한 상황을 전화위복의 계기로 삼았다.

이처럼 가짜 뉴스에도 긴 역사가 있다. 아일랜드인은 가짜 뉴스의 폐해를 그 어느 민족보다 깊이 이해하고 있었고, 이를 잘 극복했다고 할 수 있다(McNally, 2020).

### 가짜 뉴스의 5가지 특성: 'SHOCK'

앞서 언급한 바와 같이 가짜 뉴스 현상은 역사적으로 상존해 왔으며 앞으로도 그럴 것으로 예상된다. 가짜 뉴스는 근간에 두 가지 핵심 요소를 가지고 있다. 첫 번째는 정보의 허위성이며, 두 번째는 오인하게 하려는 의도성이다(Allcott & Gentzkow, 2017). 거시적 측면에서 진단할 때 가짜 뉴스는 커뮤니케이션 불균형이라는 훨씬 뿌리 깊은 사회 문제의 한 증상이다. 이는 '정보 우위' 현상 가운데 하나이며, 정보 수집과 공표 과정에서 일반 시민을 배제하는 현상이다. 종합적으로 볼 때 가짜 뉴스는 전통적인 인쇄 및 방송 뉴스 미디어 또는 온라인 소셜 미디어를 통해 고의적인 허위 정보나 잘못된 정보로 구성된 황색 저널리즘 또는 선전의 한 유형이라고 정의할 수 있다. 가짜 뉴스는 부정적인 정보를 전달하여 사람들을 호도하거나 조종하려는 고의적이고 조직화된 악성 커뮤니케이션이다.

가짜 뉴스는 선정적Sensational, 증오Hatred, 일방성One-way, 연결Connection, 살인Killing이라는 다섯 가지 중요한 특성이 있다(김창룡, 2019). 간단히 'SHOCK'로 줄여서 기억하기 쉽도록 가짜 뉴스의 특성을 설명하면 다음과 같다.

① 선정적(S): 가짜 뉴스는 뉴스 소비자의 관심을 끌기 위해 기발하고 눈길을 끄는 자극적 콘텐츠를 담는다. 가짜 뉴스는 허위 포장된, 선정적인 형태로 제공된다.

② 증오(H): 가짜 뉴스에는 증오가 담겨 있다. 증오심은 상대를 공격하고 아군의 단결력을 높이는 이중 효과가 있어, 가짜 뉴스의 중요한 속성 가운데 하나이다.

③ 일방적인 메시지(O): 가짜 뉴스는 일방적으로 하나의 주장만 전달한다는 특징이 있다. 정확성, 균형, 공정성과 형평성 등 일반적으로 뉴스가 가져야 하는 중요한 요소를 포함하지 않는다. 따라서 가짜 뉴스는 더 강력하고 선정적인 내용으로 이루어진다.

④ 연결(C): 가짜 뉴스 자체만으로는 관심을 끌 수 없고, 영향도 미미하다. 그러나 누군가 또는 언론사 같은 기관의 도움을 받으면 널리 확산될 수 있다. 같은 정보가 의원, 시장, 검찰, 기자 등의 소셜 미디어를 통해 유포될 때, 뉴스에 대한 관심의 무게와 신뢰성은 크게 증가한다.

⑤ 살인(K): 가짜 뉴스는 희생당하는 쪽에서는 치명적이다. 포장된 가짜 뉴스는 실제 뉴스를 능가할 만큼 소셜 미디어를 통해 체계적으로 확산된다. 여기에 전통적인 미디어가 가짜 뉴스 확산에 기여한다면, 거짓이 진실로 간주되어 피해가 매우 치명적이다.

다른 이데올로기나 이론적 틀과 마찬가지로, 가짜 뉴스는 광범위한 스펙트럼을 지니고 있다. 가짜 뉴스의 유형은 다양하고, 때로는 모순적이며, 때로는 합쳐지고 종종 겹치기도 하는 등 깔끔하게 유형을 분류하기가 쉽지 않다. 대체로는 정치 통제형, 경제적 이익형(클릭 유도형), 혁명형, 풍자형과 같이 네 가지 범주로 구분할 수 있다.

① 정치 통제형: 대중의 태도, 의견, 궁극적으로는 정치적 과정을 조작할 목적으로 생산되고 유포된다. 많은 가짜 뉴스가 이러한 정치적 목적에서 제작된다. 특히 코로나19 사례에서 우리는 정치적 통제를 위해 만들어진 많은 가짜 뉴스를 목격했다.

② 경제적 이익형: 인터넷 시대에 나타난 최신 형태다. 선정적인 내용과 형식적 현란함을 통해 클릭을 유도한다. 광고 콘텐츠를 호스팅하여 수익을 올리는 특성이 있다.

③ 혁명형: 풀뿌리 조직은 심지어 혁명의 시점까지 특정 정책을 실행하거나 중지할 목적으로 해당 정부 또는 기업의 범죄를 과장하는 가짜 뉴스를 제작하고 유포한다. 예를 들어 정보기관은 특정 정부에 대한 정치적 선동을 유도하기 위해 특정 집단에 가짜 뉴스를 유포하여 혼란을 유도한다.

④ 풍자형: 1938년 오손 웰스Orson Welles의 〈우주 전쟁〉 라디오 방송이 대표적인 사례다. 당시 웰스의 라디오 방송은 너무 현실적이어서 수백만 명의 미국인이 외계인의 침공이 일어났다고 믿었다.

코로나19로 많은 가짜 뉴스가 우리 사회에 회자되고 있다. 최근 기존 언론이 관여한 대표적인 가짜 뉴스 사례 두 가지를 분석해 보자.

**사례 1: 코로나19 바이러스는 중국에서 인위적으로 만들어졌다**

첫 번째 가짜 뉴스 관련 사례는 코로나19가 중국 우한바이러스연구소에서 인위적으로 만들어졌다는 옌리멍Yan Li-Meng의 주장을 실은《조선일보》기사다. 2020년 9월 18일 자 조선일보 기사에 의하면, 미국으로 망명한 중국 출신 바이러스 연구자인 옌리멍과 홍콩대 공중보건대학 박사 연구진은 관련 내용이 담긴 논문을 정보 공유 플랫폼인 제노도Zenodo에 발표했다. 〈코로나바이러스가 자연 진화보다는 수준 높은 연구소에서 조작됐음을 시사하는 게놈의 일반적이지 않은 특성과 가능한 조작 방법에 대한 상세 기술〉이란 이 논문에서 연구진은 "SARS-CoV-2의 생물학적 특성은 자연 발생이나 인수 공통이라는 설명에 부합하지 않는다"라면서 SARS-CoV-2가 2015년과 2017년에 발견된 박쥐 바이러스와 염기 서열이 유사한 점, 세포 침투 시 수용체와 결합하는 'RBD 도메인'이 2003년 사스바이러스(SARS-CoV-1)와 유사한 점, 스파이크 단백질 내 '퓨린 분절 부위Furin-Cleavage Site'가 자연에서 발견되는 코로나바이러스와 다르다는 점 등을 근거로 들었다.

《연합뉴스》는 옌리멍 박사 연구진이 제기한 세 가지 조작 증거가 사실에 부합하는지, 사실이라면 이를 근거로 중국 우한연구소에서 인위적으로 만들었다고 단언할 수 있는지를 국내 전문가 5명의 도움을 받아 팩트 체크하였고, 다음 세 가지 결론을 제시했다(연합뉴스, 2020.09.18.).

◇ “박쥐바이러스·2003년 사스와 유사” 주장 사실이나 ‘제조’ 근거론 부족

◇ 자연계에 없는 퓨린 분절 부위? …전문가들 “자연 상태서 발생 가능”

◇ 6개월이면 코로나19 ‘복제’ 가능? …전문가들 회의적

결과적으로 옌 박사 연구진이 주장한 바이러스 인위 제조 방식은 현재 기술 수준으로는 불가능한 작업이라는 게 전문가들의 일치된 평가다. 해당 기사의 전문가 가운데 한 사람인 구조생물학자 남궁석 SLMS

朝鮮日報

2020년 9월 18일 금요일 A14면 국제

# ‘中연구소서 코로나 제작’ 논문… 美, 가짜뉴스 딱지 붙였다

中 면역학 박사가 쓴 논문 ‘논란’

**트위터는 계정 중지·페북은 ‘경고’**
**트럼프 등 美정치권도 옹호 안해**

**전문가들 “논문 아닌 괴이한 문서**
**과학 데이터 없이 주장만 나열”**
**배후에서 反中단체 개입한 정황도**

미국에 망명한 중국 학자 옌리멍(閻麗夢·사진)이 “코로나 바이러스가 중국 우한바이러스연구소에서 인위적으로 만들어졌다”고 주장해 파문이 이어지고 있다. 그가 동료 3명과 작성해 14일 한 인터넷 사이트에 올린 26쪽짜리 논문은 전 세계에서 사흘 만에 57만 조회 수, 43만 다운로드를 기록했다.

그간 미국 일각 특히 도널드 트럼프 미 대통령, 피터 나바로 백악관 무역제조업 정책국장, 린지 그레이엄 상원의원 등은 코로나 바이러스가 우한연구소에서 유출됐을 수 있다는 의혹을 집중 제기했다. 옌리멍의 논문에 이들이 반색할 만하다. 하지만 상황은 전혀 다르게 흘러가고 있다.

옌리멍의 주장을 옹호하는 정치인은 나타나지 않았다. 트위터는 16일(현지 시각) 수십만명이 팔로하던 옌리멍의 계정을 “운영 규칙을 위반했다”는 이유로 정지했다. 트위터는 5월부터 ‘가짜 뉴스’로 판명된 트윗에 라벨을 붙여 가짜 뉴스로 표시해 왔는데, 계정 정지는 드문 일이라고 외신들은 전했다. 페이스북은 옌리멍의 인터뷰 영상에 “독립적인 팩트체크 기관에서 거짓이라고 판단한 코로나 정보가 반복되고 있다”는 경고를 달았다. 인스타그램도 그의 인터뷰 영상에 ‘허위 정보’ 표시를 했다. 어떻게 된 일일까.

옌리멍은 홍콩대 공중보건대학에서 면역학 연구로 박사후 과정을 밟은 30대 여성이다. “중국 공산당이 바이러스를 의도적으로 퍼뜨려 세계에 해악을 끼치려고 했다”고 꾸준히 주장해 왔다. 7월 폭스 인터뷰에서 “작년 말 홍콩대에서 코로나 바이러스를 처음 연구하며 인간 간 전염성을 보고한 뒤 당국의 감시와 압박을 받았다. 진실을 세계에 알리자는 사명감으로 4월에 미국으로 도망쳤다”고 했다. 그러나 중국 외교부는 “옌리멍이란 사람을 모른다”고 했다. 홍콩대는 그를 제적 처리했다.

페이스북

폭스뉴스가 15일 페이스북에 올린 옌리멍 인터뷰 동영상. 코로나 관련 거짓 정보가 포함돼 있다는 경고성 문구를 페이스북 측에서 삽입했다.

그가 이번에 논문을 실은 곳은 전문 학술지가 아니라 동료 평가(peer review), 즉 학계의 1차 검증 없이도 논문을 자유롭게 올릴 수 있는 제너도란 사이트다. 그는 논문이 정통 학술지에선 모종의 검열로 게재되지 않았다고 주장했다.

논문의 핵심은 “코로나 바이러스는 박쥐에서 분리한 바이러스를 기반으로 인간 감염을 일으키도록 제작됐다”는 것이다. 옌리멍은 코로나 바이러스 표면의 단백질이 자연에 없는 형태이며, 인간 세포에 잘 침투하도록 유전자 가위(유전체에서 특정 DNA를 잘라내는 기술)가 사용된 흔적이 있다고 주장했다. 누군가에 의해 만들어진 생화학무기일 수 있다는 얘기다.

그러나 영미권의 바이러스 권위자들은 논문이 “허무맹랑하다”고 했다. 칼 베리스트룀 워싱턴대 교수, 영국의 앤드루 프레스턴 박사는 “논문이 과학 데이터가 아닌 실체 없는 주장으로 가득 차 있다”며 “괴이한 문서”라고 했다. 그가 제시한 ‘조작 근거’에 대해서도 안젤라 라스무센 컬럼비아대 교수, 아린제이 바네르지 맥매스터대 교수는 뉴스위크 인터뷰에서 “코로나 바이러스의 단백질 형태는 자연 상태의 모든 DNA 염기서열에서 나타난다”고 했다. 남재환 가톨릭대 교수는 본지에 “현재 기술력으론 인공적으로 바이러스를 만드는 것은 불가능한 것으로 알고 있다”고 말했다.

일각에선 옌리멍이 극우·반중(反中) 인사들과 연계돼 특정한 정치적 목적을 갖고 있다고 보고 있다. 그는 논문에서 자신의 소속 기관으로 뉴욕 소재 ‘법치사회& 법치재단’이란 곳을 적었다. 이 재단은 트럼프 대통령의 책사였던 극우 전략가 스티브 배넌과, 왕치산 부주석 등 중국 지도부 비위설을 폭로한 망명 중국 재벌 궈원구이가 손잡고 만든 단체다.

옌리멍은 15일 폭스뉴스의 터커 칼슨 쇼에 ‘중국의 내부고발자’란 이름으로 출연, “중국 공산당이 바이러스를 의도적으로 퍼뜨려 세계에 해악을 끼치려고 했다”며 “연구소 인근의 우한 시장에서 바이러스가 시작됐다는 건 연막일 뿐”이라고 주장했다. 하지만 현재 폭스뉴스 외엔 미국에서 그의 주장을 받아주는 곳이 거의 없다.

뉴욕=정시행 특파원

그림 4. 중국의 코로나19 제작 문제를 제기한 《조선일보》 2020년 9월 18일(금) 국제면(A14).

대표는 "생명공학을 과대평가하는 것은 생명공학 업계 사람으로서 감사할 일이지만 유감스럽게도 우리는 아직 그런 능력이 없다"라고 결론지었다.

이 사례는 언론이 허위 정보의 생산, 유통, 확대에 관여하고 이를 다시 다른 언론이 검증하였다는 특징이 있다. 미국을 중심으로 관련 내용이 정치적으로 악용되고 있고 국내에도 이 뉴스가 온라인을 중심으로 광범위하게 퍼져 있다는 점에서 팩트 체크 대상으로 삼을 만하였다. 《연합뉴스》는 구체적인 검증 과정에서 다수의 전문가 의견을 구하고 이들의 의견을 교차 검증하는 철저함을 보여주었다.

**사례 2: 독감 백신이 코로나19 감염 위험 높인다**

독감 백신을 접종한 이후 사망하는 사례가 늘면서 백신의 안정성에 대한 불안감이 사회적으로 확산하고 독감 백신 관련 유언비어가 난무하는 가운데, 2020년 10월 22일 인터넷 언론인 《UPI뉴스》는 '단독'이라며 〈미 보고서 "독감 백신 맞으면 비독감 감염질환 65% 늘어"〉를 보도했다. 한 걸음 더 나아가 백신이 예방 효과가 없을 뿐만 아니라 오히려 코로나19에 감염될 위험을 높인다면서 후속 기사로 〈미국 의료단체 "독감백신, 사망률 하락·감염 예방 효과 없어"〉를 보도하였다.

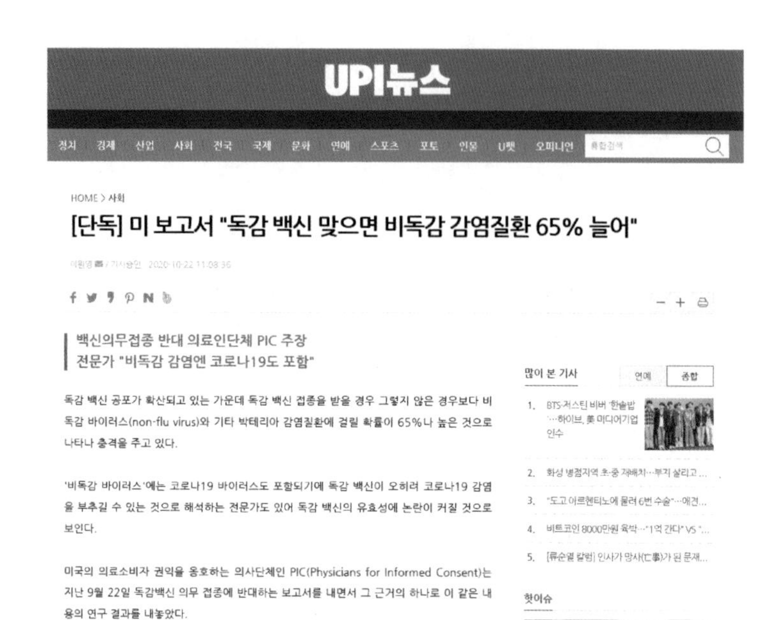

UPI뉴스

정치 경제 산업 사회 전국 국제 문화 연예 스포츠 포토 인물 U펫 오피니언

HOME > 사회

[단독] 미 보고서 "독감 백신 맞으면 비독감 감염질환 65% 늘어"

이원영 / 기사승인 2020-10-22 11:08:36

백신의무접종 반대 의료인단체 PIC 주장
전문가 "비독감 감염엔 코로나19도 포함"

독감 백신 공포가 확산되고 있는 가운데 독감 백신 접종을 받을 경우 그렇지 않은 경우보다 비독감 바이러스(non-flu virus)와 기타 박테리아 감염질환에 걸릴 확률이 65%나 높은 것으로 나타나 충격을 주고 있다.

'비독감 바이러스'에는 코로나19 바이러스도 포함되기에 독감 백신이 오히려 코로나19 감염을 부추길 수 있는 것으로 해석하는 전문가도 있어 독감 백신의 유효성에 논란이 커질 것으로 보인다.

미국의 의료소비자 권익을 옹호하는 의사단체인 PIC(Physicians for Informed Consent)는 지난 9월 22일 독감백신 의무 접종에 반대하는 보고서를 내면서 그 근거의 하나로 이 같은 내용의 연구 결과를 내놓았다.

많이 본 기사 | 연예 | 종합

1. BTS·저스틴 비버 '한솥밥'…하이브, 美 미디어기업 인수
2. 화성 병점지역 초·중 재배치…부지 살리고 ...
3. "도고 아르헨티노에 물려 6번 수술"…애견...
4. 비트코인 8000만원 육박…"1억 간다" VS "...
5. [류순열 칼럼] 인사가 망사(亡事)가 된 문재...

핫이슈

그림 5. 독감 백신에 관한 인터넷 언론 《UPI뉴스》의 2020년 10월 22일 자 가짜 뉴스

인터넷 언론 《UPI뉴스》의 보도에 대해 24시간 뉴스 채널 YTN의 팩트 체크 코너인 〈팩트와이〉는 PIC 보고서가 인용한 논문 18개의 검토와 분석, 백신 전문가들과의 대면 및 화상 전화 인터뷰 등을 심도 있게 진행하였다.* 그 결과 PIC 보고서가 독감 백신 접종을 반대한다며 내놓은 일곱 가지 주장은 사실로 보기 어렵다고 결론을 내렸다. 내용의 근거가

* 이와 관련된 보다 심층적인 팩트 체크는 SNU팩트체크의 2020년 11월 4일 자 팩트 체크 내용을 참조할 것. http://factcheck.snu.ac.kr/v2/facts/2596

불충분하거나, 자료를 재가공하는 과정에서 의미를 왜곡했거나, 입맛에 맞는 부분만 선별적으로 인용했기 때문이다. 이에 따라서 UPI 기사는 사실이 아니라는 것이 YTN 〈팩트와이〉의 결론이다.

독감 백신과 코로나19와의 연관성을 따진 YTN의 팩트 체크 보도는 주장의 근거로 제시된 논문의 각주까지 하나하나 꼼꼼하게 확인하고 복수 전문가의 의견을 듣는 자세가 훌륭했다. 시간 제한이 있는 방송의 특성상 YTN 방송에서는 그런 점이 충분히 드러나지 않았지만, 온라인 기사에서는 이 언론사의 성실성을 쉽게 확인할 수 있다(YTN, 2020.10.31.).

사례로 언급한 2개의 가짜 뉴스 보도는 올해 최고의 관심사인 코로나19 문제를 다루었다는 공통점이 있다. 나아가 전문가의 영역에 속할 수 있는 사안을 다양한 취재원과 자료를 이용해 검증했다는 점에서 높은 평가를 줄 수 있다.

## 팩트 체킹이란 무엇인가?

가짜 뉴스 현상을 해결하는 방법으로는 첫째로 뉴스를 소비하는 수용자들의 미디어 리터러시Media Literacy 제고, 둘째로 팩트 체킹의 활성화, 셋째로 소셜 미디어의 정화 등을 통한 오보와 무지의 대항 등이 있다.

이 가운데 가장 실천적이고 현실적인 대안은 팩트 체킹의 활성화라고 볼 수 있다. 이 장에서는 팩트 체킹의 정의와 특성에 대해서 살펴보고자 한다.

## 팩트 체킹의 정의와 역사

'팩트 체킹Fact Checking'이란 사회 여론 지도층 인사의 발언을 대상으로 언론이 심층 분석해 옳고 그름을 판단하는 과정을 의미한다. 우리 사회에 큰 영향을 줄 수 있는, 대통령을 비롯한 공직자와 정치인의 발언과 주장에 대한 검증에 비중을 많이 둔다. 특히 선거 기간 동안 유권자가 후보자를 선택하는 데 큰 영향을 줄 수 있으므로, 언론은 후보자들의 발언에 대해 꼼꼼한 팩트 체킹을 진행한다.

팩트 체킹은 대통령부터 국회 의원, 공직자에 이르는 선출직 공무원과 여론을 주도하는 유명인 등 주요 인사의 발언과 주장에 관하여 진행된다. 그들의 발언에 대한 파장이 사회적으로 크기 때문이다. 팩트 체킹은 단순히 사실 관계를 '확인'하는 차원이 아니다. 팩트 체킹은 발언에 대한 참과 거짓을 분명하게 '판정'하는 데 중심을 둔다. 즉 이미 언론계에서 관습적으로 진행했던 사건에 대한 '사실 확인'보다 더욱 전문적이고 깊이 있는 '검증'에 방점을 두고 있다. 팩트 체킹을 우리말로 굳이 번역하면 '사실 검증' 정도로 옮기는 것이 가장 적절한 표현일 것이다(정재철, 2017).

미국에서 팩트 체킹은 1992년 미국 대통령 선거에서 시작되었다.

FactCheck.org *A Project of The Annenberg Public Policy Center* DONATE

HOME | ARTICLES | ASK A QUESTION | DONATE | TOPICS | ABOUT US | SEARCH | MORE

**Ask SciCheck**

Q: Do the COVID-19 vaccines cause infertility?

A: There's no evidence that approved vaccines cause fertility loss. Although clinical trials did not study the issue, loss of fertility has not been reported among thousands of trial participants nor confirmed as an adverse event among millions who have been vaccinated.

Read the full question and answer
View the Ask SciCheck archives
Have a question? Ask us.

**Biden's Missteps on Gun Policies**

*April 8, 2021*

In outlining steps his administration would take on gun regulations, President Joe Biden misstated the facts on three existing policies.

그림 6. 2003년 세계 최초로 팩트 체킹을 시작한 FactCheck.org

1988년 미국 대통령 선거에서 당시 공화당 후보였던 조지 부시는 경쟁자인 민주당 마이클 듀카키스 후보에 대해 검증 없는 네거티브 캠페인을 펼쳐 그 후유증이 매우 컸다. 이에 따라 1992년 미국 대통령 선거에서는 후보자 발언에 대한 검증을 시도했는데, 이를 팩트 체킹의 효시로 보고 있다. 당시 CNN 기자였던 브룩스 잭슨Brooks Jackson은 정치 광고를 검증하는 'FactCheck' 코너를 신설하였다. 현재 미국에서는 원조 격인 FactCheck.org, 팩트 체크 정착에 기여한 공로로 퓰리처상을 받았으며 손쉬운 그래픽 인터페이스를 사용하여 대중화에 크게 기여한 Politifact.com, 워싱턴 포스트의 The Fact Checker 등이 운영되고 있다. 이들은 3

대 팩트 체커라 불리며 팩트 체크를 언론계에 정착시키는 데 크게 이바지했고, 워싱턴 정가나 선거 캠프는 이들의 활동에 대응하는 전담 부서를 두고 있을 정도이다.

한국 언론에서는 《오마이뉴스》가 2012년 제18대 대통령 선거에서 박근혜, 문재인 후보자의 공약을 검증하는 '오마이팩트' 코너를 신설하면서 처음으로 팩트 체크를 선보였다. 이후 2014년 9월 JTBC의 메인

그림 7. 국제 팩트 체킹 네트워크International Fact-Checking Network(IFCN)로부터 국내 유일하게 인증받은 〈JTBC 뉴스룸〉의 팩트체크 페이스북

뉴스인 〈JTBC 뉴스룸〉이 팩트 체크를 고정 코너로 신설해 주 4회 방송하면서 팩트 체크란 용어가 대중에게 크게 각인되기 시작했다.

박근혜 전 대통령의 탄핵으로 제19대 대통령 선거가 급히 치러진 2017년은 한국 언론사에서 '팩트 체크 저널리즘의 원년'으로 평가된다(김선호, 김위근, 2017). 대선 동안 각 언론사가 보도한 팩트 체크 결과를 별도의 섹션으로 운영한 포털 사이트 네이버의 팩트 체크 코너에는 28개 언론사의 대선 관련 후보자 발언과 공약 검증 내용이 게시되어 많은 유권자가 참고하였다(김양순 외, 2019).

또한 이 시기 각 언론사의 팩트 체크가 활발해진 것과 더불어, 팩트 체크를 효율적으로 진행하기 위해 언론사가 연대하여 협업하는 구조의 시스템이 논의되었다. 그 결과 언론사와 대학 간의 산학 협력 모델이 탄생하였다. 2017년 출범한 'SNU팩트체크'는 서울대학교 언론정보연구소가 구축한 팩트 체크 전용 플랫폼에 언론사들이 검증한 기사를 올리는 구조이다. 최초 참여한 16개 언론사는 제19대 대선 동안 토론, 연설, 인터뷰, 보도 자료 등에서 있었던 후보자의 발언이나 행적과 관련하여 소셜 미디어 등을 통해 대중에게 회자되는 사실적 진술의 진실성 여부를 검증하고 그 결과를 제시하였다. 이러한 언론사의 결과는 다시 포털 사이트 네이버와 연동되어 대중적으로 알려졌다.

그림 8. 2017년 제19대 대통령 선거 동안 각 언론사에서 진행한 후보자 발언 관련 팩트 체크 사례

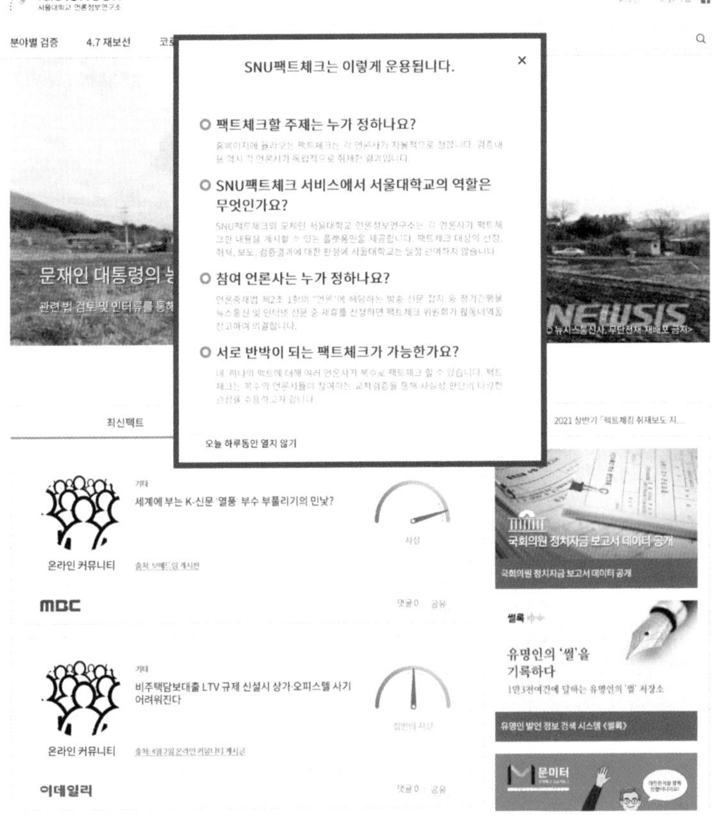


그림 9. 언론사와 대학의 산학 협력으로 이루어진 서울대학교 언론정보연구소의 SNU팩트체크

미국의 《뉴욕 타임스》를 비롯하여 《워싱턴 포스트》, 《가디언》, 《와이어드》, 《허핑턴 포스트》, NPRNational Public Radio, 블룸버그TV, AP통신, Politifact.com, FactCheck.org 등 언론사와 팩트 체크 전문 사이트는 2016년 미국 대선 토론에서 실시간으로 팩트 체크를 수행하여 토론을 시청하는 유권자와 언론계의 주목을 받았다.

이처럼 유명인의 발언을 실시간으로 팩트 체크하는 시스템을 갖추는 것이 팩트 체킹의 미래다. 구체적인 예로 《뉴욕 타임스》는 실시간 토론 영상을 자사 웹사이트에 스트리밍하면서 여러 기자가 조사하여 팩트 체크한 분석을 공유할 수 있도록 하였다. 4명의 정치부 전문 기자가 대선 후보의 발언에 대해 실시간으로 팩트 체크와 논평을 하며 그 내용을 텍스트로 중계한다. 《뉴욕 타임스》의 팩트 체크 결과가 담긴 문건이 나오면 이를 제시하고 다시 진행해 나가는 식이다. 'reactions반응'이라는 버튼을 클릭하면 이모티콘을 활성화해 후보자의 발언에 대한 반응도 표시할 수 있다. 《뉴욕 타임스》는 실시간 사실 검증에 대해 '최소 18명의 베테랑 팩트 체커가 참여'하고, '사회자나 후보자들의 발언이 나온 지 5분 이내에 확인'한다는 방침을 세우고 있다(한국기자협회, 2016.10.05.).

한편, 미국 공영 라디오 방송인 NPR 역시 토론 등에서 실시간으로 발언록을 업데이트하며 동시에 사실 검증을 시도하고 있다. 문제가 있

The New York Times

PLAY THE CROSSWORD Acco

2020 Electoral College Results Election Disinformation Full Results Biden Transition Updates

# Fact-Checking the First 2020 Presidential Debate

Last Updated Oct. 24, 2020, 12:53 p.m. ET

President Trump and former vice president Joseph R. Biden Jr. concluded their first debate in Cleveland on Tuesday night. Doug Mills/The New York Times

- President Trump demonstrated a willingness to lie, exaggerate and mislead during the first presidential debate, repeatedly interrupting former Vice President Joseph R. Biden Jr. with attacks based on thin evidence. Mr. Biden appeared exasperated through much of the night but stood his ground, calling the president a liar and a racist and at one point saying, "Shut up, man."
- Mr. Trump refused to condemn white supremacists, instead blaming "the left wing" for violence in American cities even though — as Mr. Biden pointed out — his own F.B.I. director had said that "racially motivated violent extremism," mostly from white supremacists, has made up a majority of domestic terrorism threats.
- The president insisted that he paid "millions of dollars" in federal income taxes during 2016 and 2017. In fact, tax documents obtained by The New York Times show that in both years, Mr. Trump paid $750 in federal income taxes. Mr. Biden repeatedly prodded the president to release his tax returns for those years. In response, Mr. Trump said "you'll see it as soon as it's finished, you'll see it" — a promise he has repeatedly made and broken since becoming a candidate.

그림 10. 《뉴욕 타임스》의 실시간 팩트 체킹

는 발언에 밑줄 표시를 한 뒤 분석과 팩트 체크를 주석 형태로 달도록 구현했다. NPR은 라이브 팩트 체크를 위해 20명 이상의 기자와 스태프를 두며, 자막 방송에 활용하는 토론 속기 서비스를 통해 기록된 스크립트를 구글 문서도구Google Docs로 넘기고 50여 명의 리포터, 에디터, 비주얼 팀, 리서처 등이 진위 여부를 판단, 가공까지 하는 방식으로 진행하고 있다. 그 외에도 알고리즘을 이용해 인간이 아닌 기계가 팩트 체크를 진행하는 방법 역시 활발하게 연구되고 있다.

## 디지털 저널리즘의 미래: 알 권리의 실현을 위한 방안

앞으로의 미디어 지형에 대해, 제레미 캐플란Jeremy Caplan 뉴욕 시립대 저널리즘스쿨 교수는 2020년 8월 삼성언론재단이 주최한 '저널리즘의 파괴적 변화Journalism Disrupted: 코로나 이후 저널리즘의 변화와 전망' 강연에서 "10개의 거대한 돌기둥이 1,000개의 빛으로 바뀌게 될 것이다"라고 예견하였다.

즉 예전에는 전통적인 언론이라고 할 수 있는 1~3개 정도의 신문과 방송사만이 존재했다면, 미래 세대에는 수천 개의 작은 신문사와 '1인 운영' 뉴스레터, '혼자 하는' 팟캐스트, 틈새를 공략하는 뉴스 웹사이트, 지역 정보지, 문자 메시지 서비스 업체들이 그 빈자리를 메울 것이다.

그리고 그만큼 가짜 뉴스가 범람할 것이다.

우리 언론은 저널리즘의 기본적인 윤리 원칙을 지키는 '진실된 저널리즘'으로 재무장하여 가짜 뉴스로부터 대중이 받는 피해를 예방하는 데 앞장서야 한다. 그동안 언론이 간과해 왔던 뉴스 수용자에 대한 세심한 배려가 가짜 뉴스 예방의 첫걸음이라고 생각된다. 뉴스가 특정 이야기에 어떻게 도달했는지, 사실을 어떻게 수집하는지, 무엇을 사실로 간주해야 하며 그 이유는 무엇인지 등을 독자에게 상세하게 설명하고 공개할 필요가 있다. 무엇보다도 대중이 저널리즘을 어떻게 생각하는지 신속하고 체계적으로 파악하는 것이 중요하다. 가짜 뉴스를 예방하기 위해 대중의 변화에 관하여 그 어느 때보다 더 깊은 관심을 두고 연구해야 할 시점이다.

'가짜 뉴스 아님Un-faking'이라 부르는 진실된 뉴스 제작은 쉬운 일이 아니다. 현재와 같이 심각한 확증 편향 환경에서는 모든 사람을 설득할 수는 없다. 하지만 알고리즘 편집 결정을 포털과 같은 기술 중심 회사에 맡길 수는 없으므로 가짜 뉴스 근절을 위한 다양한 시도는 언론의 의무이다. 더는 정부와 공공기관이 뉴스 유무를 결정하게 놔둘 수 없다. 팩트 체크, 미디어 리터러시 교육 등 다양한 방법을 사용하여 언론이 적극적으로 가짜 뉴스 근절에 나서야 한다.

이 작업에는 코로나19 시대의 민주주의와 언론의 자유에 깊은 관심을 둔 전 세계 언론인의 공동 노력이 필요하다. 가짜 뉴스가 나오면 강력하게 반격해야 한다. 언론은 속임수 없는 뉴스 제작을 위해 자원을 투자하고, 가짜 뉴스를 끝까지 검증해야 한다. 시민들이 미디어 리터러시 능력을 함양하도록 돕는 언론의 역할은 미래 저널리즘의 중요한 미덕이다. 가짜 뉴스 근절을 위해서는 음모 이론이 번성하는 현재의 필터 버블 환경을 이해하고, 가짜 뉴스의 매력과 미학, 경제성, 소문이 소셜 미디어에 퍼져 검색 결과에 들어가는 메커니즘을 이해할 필요가 있다. 또한 소문과 가짜 뉴스의 순환을 차단하는 데도 노력을 기울여야 한다.

"비 온 뒤에 땅이 굳는다"라는 속담이 있다. 가짜 뉴스가 넘쳐나는 어려운 시기를 겪고 있지만, 신뢰와 공익으로 저널리즘을 육성한다면 저널리즘의 미래는 그 어느 때보다 밝아질 것이다. 가짜 뉴스가 대중에게 천박하게 접근할 때, 레거시 저널리즘은 진실을 추구하는 기본 원칙을 당당하게 지켜 나가야 한다.

## 그림과 표의 출처

**그림 1.** 넷플릭스 홈페이지 메인 화면 (2021.04.09.)
https://www.netflix.com/

**그림 2.** *The NewYork Times*의 Today's Paper 2020년 5월 24일 자 검색 결과 (2021.03.22.)
https://www.nytimes.com/issue/todayspaper/2020/05/24/todays-new-york-times

**그림 3.** 《서울신문》의 탐사보도 사이트 '당신이 잠든 사이에: 달빛노동 리포트' 화면 일부 (2021.03.22.)
https://www.seoul.co.kr/SpecialEdition/nightwork/

**그림 4.** 조선일보, 2020.09.18.

**그림 5.** UPI뉴스, 2020.10.22.

**그림 6.** FactCheck.Org 홈페이지 메인 화면 (2021.04.09.)
https://www.factcheck.org/

**그림 7.** 〈JTBC 뉴스룸〉 페이스북 홈페이지 화면 (2021.02.17.)

**그림 8.** SNU팩트체크 홈페이지 '코로나19' 주제별 팩트 체크 화면 일부 (2021.02.17.)
https://factcheck.snu.ac.kr/v2/search?keyword=19%EB%8C%80+%EB%8C%80%EC%84%A0

**그림 9.** SNU팩트체크 홈페이지 메인 화면 (2021.04.07.)
https://factcheck.snu.ac.kr/

**그림 10.** *The NewYork Times*의 라이브 팩트 체킹 홈페이지 화면 (2021.02.17.)
https://www.nytimes.com/live/2020/10/22/us/fact-check-debate-trump-biden

# 03

# 디지털 알고리즘, 추천 서비스의 진실

김용환

넘치는 정보와 빅데이터의 시대를 사는 우리에게 꼭 필요한 '추천 서비스', 본 장에서는 이를 위해 활용되는 인공지능 기술을 살펴보고, 이로 인해 발생할 수 있는 필터 버블, 확증 편향, 에코 챔버 등 각종 차별과 편향의 실체에 관하여 다양한 관점에서 살펴보고 논의해 보고자 한다. 이를 통해 위와 같은 우려를 극복하면서 효과적으로 추천 서비스의 편리성을 누리는 방안을 함께 고민하는 단초를 제공하고자 한다.

## 정보의 홍수,
## 추천의 시대

2021년 현재 우리는 어떤 세상에 살고 있을까? 다양한 사회 문화적 키워드 가운데 가장 생각나는 것을 나열해 보면 코로나와 언택트를 빼먹을 수 없을 테지만, 그 외에 온라인, 디지털, 플랫폼, 인공지능, 테크, 빅데이터 등이 떠오른다. 한 언론사에서 2021년 세계 최대의 정보 기술 전시회인 CES를 관통하는 키워드로 5G, 인공지능, 모빌리티, 로봇, 코로나19 등 5개의 키워드를 꼽았는데, 비슷하게 뽑힌 것 같다. 하지만 필자의 머릿속에 하나 더 떠오르는 키워드는 바로 '정보'이다.

정보가 중요하게 등장한 지는 오래된 일이라 식상하게 들릴 수도 있지만, 앞에 말한 키워드들을 잘 꿰어 낼 수 있는 여전히 중요한 키워드로 보인다. 현재 우리는 정보의 홍수 속에, 그리고 점점 더 많아지는 정보 탓에 더 거세지는 홍수 속에 살고 있다. 불과 몇십 년 전과 비교한다면, 정보는 어디나 넘쳐나며 데이터는 우리 주변 곳곳에 쌓여 있다. 그런데 여기에 문제가 있다. 정보가 부족한 것은 명백히 문제지만, 그렇다고 정보가 차고 넘치는 것이 꼭 좋은 것만도 아니다. 넘치는 정보 가운데 어떤 정보는 가치가 있지만, 어떤 정보는 효용이 없거나 떨어지는 노이즈일 뿐이다. 정보가 많지 않다면 정확도가 낮거나 연관성이 떨어지는 정보도 가치가 있겠지만, 정보가 많으면 가장 유용한 정보 외에 다른 정보는 상대적으로 가치가 떨어질 수밖에 없다.

현명한 정보 소비를 위해서는 그 속에서 유용한 정보를 선별해야 한다. 그러나 정보가 많다는 것은 선별하기 위해 검토해야 하는 정보의 양도 많다는 것이고, 그 양에 비례해 정보 선별을 위한 시간과 자원도 더 필요하다는 것을 뜻한다. 그래서 현재는 정보를 탐색하는 것보다 방대한 양의 정보 속에서 불필요한 것을 걸러 적합한 정보를 찾는 것이 더 중요해졌다. 그리고 여기서 해결사로 등장한 것이 '추천'이다. 개인이 도구나 다른 누구의 도움 없이 모든 정보를 모아서 비교하고 분석해 적합한 정보를 찾는 것은 매우 비효율적이다. 정보의 홍수를 극복하기 위한 방안으로 '추천의 시대'가 온 것이다.

현재 우리가 접하는 정보의 상당 부분은 인터넷을 통한다. 많은 이용자가 정보를 쉽고 편리하게 찾기 위해 인터넷을 이용하면서, 오프라인 곳곳에 있던 다양한 정보도 이용자들에게 제공되기 위해 인터넷으로 모였다. 국경과 시간의 제약이 없는 인터넷에 많은 이용자와 정보가 모이면서, 새로운 정보 또한 더 많이 생산되고 재가공되었다. 정보가 넘치는 환경을 만드는 데 인터넷이 큰 역할을 했다는 것을 부인하는 사람은 많지 않을 것이다.

정보의 바다로 불리는 인터넷이지만, 초창기부터 추천을 통한 정보를 제공한 것은 아니었다. 돌아보면 지금과 같은 추천의 시대를 예상하지는 못했던 것 같다. 지금은 존재감이 많이 사라졌지만 인터넷 초창기 가장 주목받았던 검색 엔진 야후Yahoo가 처음 선택한 정보 제공 방식은 마치 전화번호부처럼 정보를 잘 목록화해서 보여 주는 것이었다. 하지만 정보의 양은 곧 이 방식으로 감당할 수 있는 수준을 넘어 기하급수적으로 늘어났다. 목록화 방식의 효율성이 떨어지면서, 정보 제공 방식은 현재 우리가 네이버나 구글에서 하듯이 검색어를 입력하면 이용자의 검색 의도에 가장 부합할 것으로 추측되는 정보를 추천하는 방식으로 바뀌었다. 전화번호부나 백과사전과 같은 정보 분류 방식은 역사 속으로 사라졌다. 네이버와 구글의 정보 검색 결과만이 추천 방식을 택하는 것은 물론 아니다. 요즘 소위 플랫폼 기업*이라 불리는 많은 인터넷 회사는 방대한 데이터를 분류해 개별 사용자가 원하는 정보, 하나의 조합을 전달해 주는 큐레이터 역할을 하고 있다.

정보 전달자인 검색 엔진이나 플랫폼뿐만 아니라 초기의 정보 이용 행위에 대한 개념도 추천과 거리가 멀었다. 정보 이용자가 인터넷에서 정보를 찾는 행위를 표현한 개념 역시, 추천 결과를 소비하는 수동적 의미가 아니었다. 인터넷 초창기에 많이 이용된 브라우저는 '넷스케이프 네비게이터Netscape Navigator'와 '인터넷 익스플로러Internet Explorer'였고, 이들은 정보의 바다를 항해하고 정보를 탐험하는 능동적 의미를 이름 안에 담고 있다. 온라인에서 정보를 찾는다는 의미로 많이 쓰였던 '인터넷 서핑Surfing'이란 말도 같은 맥락이다. 인터넷 사용자는 추천 결과를 보고

* 플랫폼이란 말 자체는 '승강장'이란 뜻이지만, 파생된 상품, 서비스를 개발·제조할 수 있는 기반이라는 뜻으로 여러 영역에서 사용된다. 'FANG'으로 일컫는 페이스북, 아마존, 넷플릭스, 구글이 대표적인 플랫폼 기업이며, 네이버, 카카오와 같은 국내 기업 역시 이들과 같은 플랫폼 비즈니스 기업으로 볼 수 있다. 플랫폼 기업의 이론적 기초는 양면 시장two-sided market 이론에서 찾을 수 있다(Rochet & Tirole, 2003).

소비하는 수동적 수용자가 아니었던 것이다. 하지만 정보의 바다가 너무 커지면서, 필요한 정보를 찾기 위해 넓은 정보의 바다로 직접 나서는 것은 더 이상 효율적이지 않게 되었다. 항구에 머물며 모여든 여러 정보를 비교하는 것이 더 효율적이게 된 것이다. 정보를 찾는 패러다임의 변화를 받아들여, 우리는 이제 정보 탐색자Explorer에서 추천 서비스를 이용하는 정보 서비스 이용자User가 된 것이다.

유튜브에 들어가면 무한대에 가까운 영상이 쌓여 있고, 멜론에는 방대한 양의 음악이, 네이버 쇼핑에는 헤아릴 수 없는 상품이 쌓여 있다. 게다가 매일 매시간 새로운 것들이 추가되고 사라진다. 추천이 없다면 우리는 동영상이나 음악 하나를 선택해도, 상품 하나를 구매해도 만족스럽기 어려울 것이다. 네이버에 '원피스'라는 검색어 하나를 입력해 결과를 보면, 등록된 상품 수가 무려 2천만 건이 넘는다. 누군가 정리하여 추천해 주지 않는다면, 판매량이나 발매일, 가격대를 정하고 직접 수십 수백 개의 상품을 비교해 가장 나은 것을 구매하는 것 정도가 최선일 것이다. 하지만 우리는 가장 적합할 것으로 예상되는 상품을 추천받을 수 있고, 그 속에서 효율적으로 구매를 할 수 있다. 역시 같은 방식으로 적합한 영상을 찾아 보고, 취향에 맞는 음악을 듣고 말이다.

하지만 좋은 추천을 하기 위해서는 조건이 따른다. 어떤 정보가 이용자에게 유용하고 필요한지를 알아야 한다. 정보를 잘 정리하고 분석하는 것도 중요하지만, 특히 이용자가 뭘 필요로 하고 좋아하는지를 알아야 한다. 즉 이용자를 잘 알고 있어야 좋은 추천이 가능하다. 그래서 추천 서비스는 이용자에 대한 정보를 파악하고 분석하기 위해 노력한다. 그리고 이제 이런 노력은 기술 발전에 힘입어 인공지능의 힘을 빌리고 있다. 인공지능은 많은 양의 데이터를 빠르게 분석하고 학습할 수 있어 효율적이기 때문이다. 그 결과, 이용자들은 자신에게 필요하지만 스스로 인식하지 못했던 정보까지도 추천받을 수 있는 시대이다.

## 인공지능과 알고리즘, 인간의 손을 떠나 기술이 추천하는 시대

사실 요즘 우리가 인터넷을 통해 이용하는 대부분의 추천 서비스는 인공지능 알고리즘이라는 기술의 힘을 빌리고 있다. 일반적으로 인터넷에 있는 데이터는 규모가 방대하기에 수작업을 통해 추천하는 경우는 거의 없다고 봐도 무방할 것이다. 사실, 인공지능의 도움을 받지 않으면 더 이상 다른 서비스와의 경쟁에서 이기기 어렵다. 인공지능의 성능이 빠른 속도로 발달하고 데이터의 양이 늘면서, 점점 더 많은 분야의 서비스가 인공지능 추천의 도움을 받고 있다. 그 결과 어느덧 우리의 하루는 인공지능의 친절한 추천으로 시작하고 마무리될 수 있게 되었다. 아침에 일어나 인공지능 스피커 클로바가 추천하는 잠 깨는 음악을 듣고, 점심엔 스마트어라운드가 추천하는 주변 맛집에서 식사를 하고, 퇴근 전

철에서 유튜브의 추천 영상을 보고, 집에 도착해 맥주 한잔하면서 넷플릭스가 추천한 영화를 본 뒤, 잠자리에 들기 전 에어템이 올겨울에 잘 어울린다고 추천한 겨울 코트를 구매할 수 있다.

바야흐로 우리는 인공지능의 추천을 받아 결정하고 소비하는 시대를 살고 있는 셈이다. 그런데도 인공지능의 추천 영역은 계속 확장 중이다. 아직 많이 이용하고 있진 않지만, 인공지능은 건강 기능 식품이나 비타민까지 이용자에 맞게 추천한다. 바이엘Bayer이 인수한 케어/오브Care/of, 네슬레Nestlé가 인수한 페르소나Persona 등이 이런 서비스를 하는 스타트업이다. 모노랩스Monolabs라는 한국의 스타트업도 문진표를 작성하면 알맞은 건강 기능 식품을 추천해 주고, 카카오톡 알림을 통해 섭취 습관도 맞춤 관리해 해주는 서비스를 제공한다. 인공지능의 추천이 과연 어떤 영역까지 확장될지 기대되기도 한다. 가히 인공지능 추천 전성시대이다.

인공지능을 통한 추천이 주목받는 이유는 그것이 많은 양의 데이터를 빠르게 분석해 정확히 추천하기 때문만은 아니다. 속도나 양이라는 강점뿐 아니라 질적인 측면에서 우위인 점도 있다. 인공지능은 예전에 사람 혹은 단순 알고리즘이 할 수 없었던 방식, 즉 다른 기존 이용자의 데이터를 학습해 가장 알맞은 것이 무엇인지 추정하여 추천하는 것이 가능하다. 이용자의 모든 데이터를 가지고 있지 않아도, 그 이용자에 대해 알고 있는 정보를 토대로 학습 데이터를 통해 추론할 수 있기 때문이다. 그렇기에 이용자에게 확인받기 어려운 민감한 정보가 필요하거나, 데이터가 손실되거나 아예 구할 수 없는 경우에도 추천이 가능하다.

이해를 돕기 위해 오프라인을 통한 예를 들어 보자. 가격 민감도 높은 어떤 제품의 매장 직원이 방문 고객에게 적합한 상품을 추천해야 한다고 가정해 보자. 고객의 소득 수준을 알면 어느 정도 가격대의 상품을 좋아할지가 정해져 추천하기 편하겠지만, 이는 민감한 정보인지라 직접 물어보기 어렵다. 이때 만약 고객의 거주지, 차량, 최종 학력, 직장 정보, 나이 등 다른 정보를 알 수 있다면, 대략적으로 소득 수준을 추정해 볼 수 있을 수 있다. 인공지능은 다른 수많은 고객의 소득 수준을 포함한 다양한 정보를 학습할 수 있고, 그 학습 결과에 기반해 정교하게 추천할 수 있다. 추론한 소득 수준에 맞게, 그 소득 수준의 구매자들이 주로 많이 선호하는 제품을 추천할 수도 있다. 인공지능은 이래저래 참 여러 가지 역할을 한다. 이용자는 스스로도 몰랐던 본인의 니즈를 다른 데이터를 통해 학습한 인공지능의 추천을 통해 알게 될 수도 있다. 나아가 인공지능은 분석을 통해 추천한 결과에 관하여 이용자로부터 피드백을 받고, 이를 다시 학습하고 보정함으로써 추천의 품질을 계속 발전시켜 나갈 수도 있다.

인공지능에 관한 연구는 꽤 오래전부터 이루어져 왔으나, 우리에게는 최근 알파고를 통해 강렬하게 다가왔다. 막연히 머릿속에서 당분간은 기계가 넘보지 못하고 인간이 굳건히 수성할 것이라고 믿었던 바둑이라는 성을, 인공지능 알파고가 무참히 점령해 버렸기 때문이다. 그 여파로 인공지능 발전에 대한 놀라움과 동시에 경계심 또한 커진 게 사실이다. 인공지능이 발전하는 만큼 인간 생활도 더 편리해지리라는 생각도 있지만, 모든 직업을 빼앗기거나 도리어 지배당할 수 있다는 등 인공지능에 대한 견제나 두려움도 크다. 인공지능 전반에 대해서도 그렇지만, 인공지능을 통한 추천에도 사실 여러 가지 우려와 논란이 있다. 그 우려에 관하여 조금 더 들여다보자.

## 추천 알고리즘은 우리를 조정하는가?

인공지능 추천에 관한 가장 큰 우려는 그 추천 결과가 차별적이고 편향될 수 있다는 점이다. 차별과 편향이 상품 구매나 음악, 영화의 추천이라면 상대적으로 큰 문제가 아니겠지만, 젠더나 인종, 정치 성향 등이라면 좀 더 심각해진다.

아마존Amazon은 수많은 구직자의 이력서를 효율적으로 검토하기 위해 2014년부터 인공지능을 통한 채용 시스템 도입을 테스트하기 시작했다. 하지만 이는 인공지능의 추천 결과가 여성 지원자를 차별하는 젠더 편향 문제를 보여 2017년 결국 중단되었다(Reuters, 2018.10.11.). 이 시스템은 10여 년간 아마존에 제출된 이력서 패턴을 분석했는데, 대부분의 이력서가 남성 지원자였기에 문제가 발생한 것으로 파악되었다. 비슷한 문제가 이용자를 대상으로 하는 서비스에서 발생하기도 한다.

인공지능을 통해 노출된 구글 광고의 결과를 보면, 자문이나 관리 직종 등 높은 보수를 받는 고급 취업 광고는 여성 대비 남성에게 더 많이 노출되는 경향이 있다고 한다(The Guardin, 2015.07.08.). 런던 비즈니스 스쿨과 메사추세스 공대 연구진도 비슷한 연구 결과를 발표했는데, 과학, 기술, 공학, 수학 분야의 구인 광고의 노출에 성별 차이가 있다고 했다. 해당 광고를 전 세계 191개국 이용자를 대상으로 실제 집행했을 때 여성 대비 남성에게 20% 더 노출되었다고 한다. 여성 인력이 적은 분야라 여성에게 더 노출할 필요가 있고 광고주에게도 그것이 효율적이지만 결과는 반대였다. 연구진이 밝힌 이유가 재밌는데, 일반적으로 여성 대비 남성이 해당 광고를 클릭하고 구매하는 비율이 높기 때문에, 즉 남성에게 노출하는 것이 광고 비용이 더 적게 들기 때문이라고 한다. 즉, 인공지능이 비용을 효율화하는 과정에서 편향이 발생했다는 것이다.

차별이나 편향된 추천에 관한 우려는 그 추천 자체에만 머무르지 않는다. 더 큰 우려는 차별적 추천으로 인해 이용자들에게 편향을 일으키거나 편향된 생각을 더 증폭할 수 있다는 점에 있다. 인공지능은 이용자가 관심을 보이는 콘텐츠나 정보와 연계된, 계속 관심이 있어 할 것들만 지속적으로 추천하게 되는데, 바로 이것이 문제가 될 수 있다. 추천 알고리즘은 이용자로 하여금 더 많은 정보 콘텐츠를 소비하게 하고, 더 많은 시간을 머물게 하려는 목적을 지닌다. 목적 달성을 위해 인공지능은 이용자가 보고 싶어 하는 정보나 콘텐츠를 가급적 더 많이 추천한다. 앞서 말한 것처럼, 인공지능 추천은 이용자도 인식하지 못한 매력적인 것까지 찾아 추천한다. 유튜브의 최고 상품 담당자(CPO) 닐 모한Neal Mohan《뉴욕 타임스》 인터뷰에 따르면, 전체 유튜브 시청 시간의 70%가 추천에 의한 것이라고 한다(국민일보, 2020.12.12.). 그 정도로 추천의 영향력은 크다. 이런 추천 정보가 취미나 관심사라면 효과적이면서도 큰 부작용이 없을 수 있지만, 정치적인 성향을 포함한 정보나 콘텐츠 추천에 관해서는 상대적으로 많은 우려의 목소리가 있다.

최근 국내 한 언론에 유튜브의 인공지능과 알고리즘 추천을 우려하는 기사가 있었다(중앙일보, 2020.11.30.). 이화여대 커뮤니케이션미디어학부 윤호영 교수 연구팀에서 유튜브의 뉴스 콘텐츠 생산 구조 및 검색, 추천 알고리즘을 분석했는데, 찬반이 갈리는 정치적 이슈는 확연하게 일방적인 주장을 담은 동영상이 꾸준히 생산되고 추천되는 구조를 확인했다. 이런 경우 편향된 여론을 부추길 수 있다는 전문가들의 우려도 기사는 함께 전했다. 같은 생각만 보게 되는 필터 버블Filter Bubble에 갇혀 확증 편향Confirmation Bias이 발생할 수 있다는 것이다.

인터넷 서비스의 추천 알고리즘으로부터 우리의 생각이 조종당할 수 있다는 필터 버블 문제를 처음 제기한 것은 미국의 온라인 시민 단체 무브온MoveOne의 이사장인 엘리 프레이저Eli Pariser로, 그의 저서인《생각 조종자들》(2011)을 통해서였다. 그는 스스로를 진보라고 밝히면서, 보수의 생각을 알고 싶어서 페이스북에서 보수적인 사람들을 친구로 등록해 보았는데 자신의 뉴스 피드에서 그 사람들의 의견을 확인하기 어려웠다고 했다. 그리고 그 이유에 대해 자신이 진보적인 사람이라 진보적인 친구의 글을 더 많이 클릭할 것을 페이스북이 알기 때문에 보수적인 친구의 글은 노출시키지 않는 것이라 주장했다. 그리고 이와 같이 알고리즘 필터로 인해 한쪽으로 편향된 정보만의 버블에 갇히게 되는 현상을 필터 버블이라 불렀다. 페이스북 임원 출신인 팀 켄들Tim Kendall의 과거 언론 인터뷰 내용은 프레이저의 주장을 뒷받침한다(조선일보, 2021.01.02.). 그는 유튜브, 페이스북 등의 추천 알고리즘은 이용자가 좋아할 만한 콘텐츠를 끊임없이 제공하여 이에 중독시키려는 목적을 지니며, 그렇기에 이용자는 자신과 다른 관점이나 시각을 접하기 어려워져 비판적 사고 능력이 위축된다고 했다. 또한 추천 알고리즘은 가급적 논란이 될 만한 콘텐츠를 우선 순위에 두고 추천하는데, 이는 자극적 콘텐츠가 더 오래 이용자를 붙잡아 둘 수 있기 때문이라고도 했다.

프레이저의 필터 버블 우려 이전에도 편향된 정보 소비에 관한 문제 제기는 있었다. 미국 시카고대학의 법학자인 캐스 선스타인Cass Sunstein은 정보의 선택적 노출로 인해 발생할 수 있는 부작용을 지적하고 이를 에코 챔버 효과Echo Chamber Effects라 했다(Cass R. Sunstein, 2001). 에코 챔버(반향실)란 소리가 밖으로 나가지 않고 반사되는 특수한 방을 말하며, 에코 챔버 효과는 그처럼 비슷한 정보가 특정 공간 속에서 계속 돌고 돌면서 어떤 믿음을 증폭시키는 현상을 말한다. 필터 버블과 에코 챔버 효과가 지적하는 문제의 핵심은 편향된 정보의 추천과 소비를 넘어서는, 즉 그로 인해 발생할 수 있는 이용자 편향이다. 다시 말해 한번 생긴 태도를 바꾸려 하지 않고 계속 강화하기 위한 정보만을 취하며 발생하는 확증 편향의 문제이다.

페이스북의 팀 켄들은 알고리즘으로 인한 편향된 추천이 사회를 분열시키는 데 있어 인류 역사상 가장 강력한 촉매제Accelerant라고까지 했다. 어떤 기술이나 변화에도 어느 정도의 우려는 있을 수밖에 없다. 하지만 인공지능 알고리즘으로 인한 차별적인 추천과 편향이 정말로 우리의 생각을 조정하고 사회를 분열시킬 정도로 심각한 수준일까? 이와 관련된 그간의 논의를 몇 가지 관점에서 살펴보자.

## 인공지능 추천 서비스의 차별과 편향에 대한 고찰

### 기술적 고찰

인공지능과 관련하여, 머신 러닝Machine Learning, 인공 신경망Neural Network, 딥 러닝Deep Learning, 알고리즘Algorithm 등 여러 용어를 들어 본 적이 있을 것이다. 혼동스러울 수 있지만, 사실 이들은 모두 인공지능을 지칭하거나 구성하는 요소를 가리킨다. 인공지능Artificial Intelligence(AI)이란 인간이 지닌 지적 능력을 인공적으로 구현한 것을 말하는데, 전통적으로는 주어진 규칙에 기반하였고Rule based, 이후 기술이 발전하면서 추가적으로 머신 러닝, 딥 러닝, 인공 신경망 등의 방식이 등장하였다. 머신 러닝이란 규칙을 기반으로 입력 받은 데이터를 학습하는 방식을 말한다. 인공 신경망은 인간의 신경을 흉내 낸 기법으로, 머신 러닝의 일종이다. 딥 러닝 또한 인공 신경망 방식의 일종이면서, 머신 러닝의 일부이다.

머신 러닝과 딥 러닝은 그 용어에서 알 수 있듯이 학습에 기반한다. 머신 러닝의 학습 방식은 크게 지도 학습Supervised Learning과 비지도 학습Unsupervised Learning으로 나뉜다. 지도 학습이란 사람이 레이블을 지정하여 인공지능이 학습하는 방식을, 비지도 학습이란 사람의 지도 없이 인공지능 스스로 학습하는 방식을 가리킨다. 지도 학습은 머신 러닝에 기초하며, 비지도 학습은 딥 러닝에서 더 효과적이라고 한다.

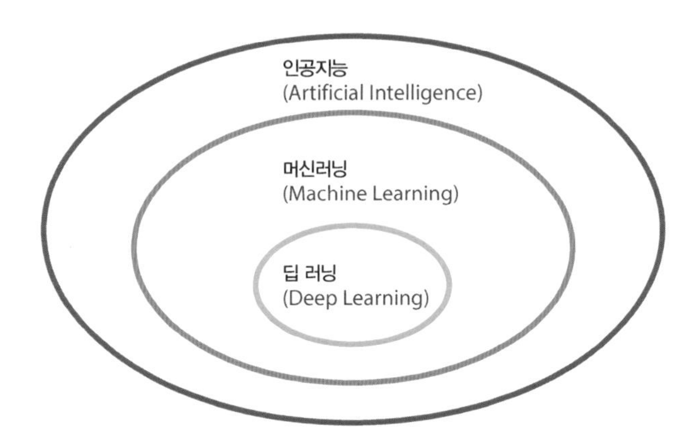


그림 1. 인공지능 관계도

알고리즘이란 어떤 문제를 논리적으로 해결하기 위한 절차, 방법, 명령어들의 집합을 의미한다. 인공지능에서 알고리즘이란 기계가 학습하고 추천하는 소프트웨어의 알고리즘을 말한다. 이런 인공지능과 알고리즘을 이용하면 많은 데이터를 빠르게 처리할 수 있고, 빠진 데이터를 보완하거나 그 이상의 결과를 만들어 낼 수 있다.

하지만 사실 인공지능은 아직 완벽하지 않다. 물론 인공지능의 성능은 빠른 속도로 개선되고 있지만, 결코 완벽하다고 할 수는 없다. 2020년 초 미국에서 인공지능의 오류로 인해 한 무고한 아프리카계 미국인이 경찰에 체포되는 황당한 일이 있었다. 인공지능 안면 인식 시스템이 범죄 영상 속의 인물과 윌리엄스라는 다른 인물을 동일인으로 잘못 지목한 결과이다. 이는 인종 차별 문제로까지 번져, 미국 자유시민연합이 디트로이트 경찰을 공식적으로 고소하기까지 했다. 인공지능이 명백한 오류를 저지른 사례다.

인공지능은 기본적으로 학습에 기반하기 때문에 학습된 데이터의 양이 많을수록, 학습 데이터의 질이 우수할수록 뛰어난 성능을 발휘한다. 반대로 학습 데이터의 양이 부족하거나 질이 낮을 때는 성능이 낮아지면서 오류를 범하거나 편향된 결과를 낸다. 이는 여러 사례에서 확인할 수 있다. 2015년에는 구글 포토Google Photo가 한 흑인 여성을 고릴라로 라벨링하여 논란이 되었다. 이미지 판별을 위한 인공지능 학습 데이터가 백인 중심이었고, 소수 인종에 대한 데이터가 부족하다 보니 다양한 인종 판별이 어려웠던 것이다. 구글은 즉각 사과하고 고릴라라는 분류 태그를 아예 삭제하는 조치를 취했다. 매사추세츠대학의 브랜던 오코너Brandan O'Connor와 대학원생 수 린 블로젯Su Lin Blodgget의 연구도 흥미롭다. 아프리카 아메리칸의 속어와 방언이 포함된 트위터를 수집한 뒤 자연어 처리 도구로 테스트해 보았는데, 황당하게도 영어가 아닌 덴마크어로 분류해 버린 것이다. 아프리카 아메리칸에 대한 데이터가 충분하지 못했기 때문이다. 필자가 몸담고 있는 네이버의 인공지능 스피커 클로바도 처음 출시되었을 때는 어린아이 음성의 인식률이 형편없이 낮았다. 인공지능 스피커가 학습하는 데이터 대부분이 어른들의 음성이었기 때문이다. 그 때문에 성능 향상을 위해 일부러 어린아이의 음성 데이터를 중점적으로 추가 확보해 학습을 시키기도 했었다.

데이터의 부족이나 낮은 품질로 인해 오류나 차별이 발생하는 것처럼, 애초에 잘못된 데이터를 학습한 인공지능 역시 문제가 된다. 2016년 출시한 마이크로소프트Microsoft의 인공지능 챗봇Chat-Bot 테이Tay는 일부 트위터 사용자들이 훈련시킨 혐오 표현을 따라 하여 이슈가 되었다. 논란이 심해지자 회사는 시범 서비스를 시작한 지 만 하루도 안 되서 서비스를 중단시켰다(Liu, 2017). 우리나라에서도 2021년 초 20대 여대생을 캐릭터화한 인공지능 챗봇 '이루다' 논란이 뜨거웠다. 이루다 역시 여러 논란과 숙제를 남긴 채 중단되었다. 이처럼 잘못된 데이터를 학습한 인공지능은 젠더와 인종 차별적 발언, 성적 표현까지 사용할 수 있다. 편향되거나 잘못된 데이터를 학습한 인공지능은 그 편향과 잘못을 그대로 보여주기에, 인공지능의 도덕성 문제는 학습 데이터를 제공한 인간의 도덕성에 기인한다. 장병탁 서울대 AI연구원장은 인공지능은 학습 방법을 설계하는 것이지, 학습 데이터를 설계하지는 않기 때문에 데이터에 반영된 사회의 문화 자체가 편향되고 왜곡되어 있다면 이상한 인공지능이 탄생할 수밖에 없다고 말한다(중앙일보, 2021.01.12.). 인공지능은 그 학습에 따라 편향될 수도 있기 때문에, 실제 이용자에게 영향을 미칠 수 있는지 여부를 떠나 이러한 편향을 극복하기 위한 섬세한 접근이 필요하다.

앞서 딥 러닝은 비지도 학습에 적합하다고 했다. 그런데 비지도 학습의 경우 개발자가 속성을 지정해 주는 것이 아니기 때문에 인공지능 스스로 어떤 속성을 잡았는지는 결과가 나오기 전까지 알기 어렵다는 문제가 있다. 더 솔직히는, 결과를 본다고 해도 정확히 어떤 속성을 잡았는지 추정하기 어렵다. 2016년 열린 한 온라인 국제 미인대회에서는 'Beauty.AI'라는 인공지능이 참가자들의 프로필 사진을 심사했다. 그런데 심사 결과를 보니 유색 인종 여성은 극소수만이 입선하는 문제가 있었다. 해당 알고리즘을 설계한 회사의 CSO인 알렉스 자보론코브Alex Zhavoronkov는 그에 대해 인공지능 알고리즘에서 밝은색 피부를 미의 기준으로 삼은 바 없지만, 입력된 데이터가 이런 결과를 이끈 것 같다는 해명을 내놓았다. 인종에 관한 속성을 지정해 인공지능을 학습시키진 않았으나, 인공지능이 스스로 데이터를 보고 학습하면서 그런 편향을 이끌어 냈다는 것이다.

이렇게 인공지능에 대한 문제가 발생하면 설계 측은 비난을 받는다.

그뿐만 아니라 설명을 요구받고 외부에 해명해야 할 때도 있다. 최근에 이와 관련해 '설명 가능 인공지능eXplainable AI(XAI)'에 대한 논의도 뜨겁다. 하지만 인공지능 중 성능이 가장 우수한 성능을 보이는 비지도 학습 딥 러닝은 이에 관하여 자세한 설명이 어려울 수밖에 없다는 구조적인 문제가 있다. 즉 높은 성능을 보여주는 반면 그 인공지능의 모델 구조가 어떻게 되었는지에 대한 설명이 매우 제한적일 수밖에 없다는 것이다. 블랙박스라는 이야기를 듣는 이유이기도 하다.

성능이 좋은 모델일수록 복잡도는 더 증가하기 때문에 설명하기가 더 어려워진다. 설명이 필요하다면, 복잡도를 줄이고 변수도 인공지능 스스로에게 맡기는 것이 아니라 설계자가 가이드하는 지도 학습 형태로 변경해야 한다. 하지만 그렇게 되면 인공지능의 성능이 떨어질 수밖에 없다는 점에서 고민이 깊다. 서비스 경쟁을 해야 하는 제공자에게 성능 저하는 무엇보다 큰 고민이다. 우수한 성능을 위해서는 설명 가능성을 최대한 낮춰야 하는데, 이용하는 입장에서는 그 결과가 어떻게 나왔는지 알 수 없다면 신뢰도가 낮아질 수 있어 딜레마에 빠진다.

문제는 여기서 그치지 않는다. 주어진 데이터가 없거나 거의 없는 상태에서 학습하는 인공지능도 등장했다. 최근에 등장한 바둑, 체스 등의 게임 관련 인공지능 뮤제로MuZero가 그렇다. 기존의 인공지능은 게임의 규칙을 알려주고, 많은 경기 데이터를 학습하였다. 하지만 뮤제로는 게임의 규칙만 사전 학습하거나, 사전 학습 없이 인공지능 스스로 게임 규칙을 터득하는 일명 관찰 학습법을 활용한다. 적은 양의 데이터만 있어도 인공지능이 관찰을 통해 규칙을 터득하고, 그 규칙 하에서 수많은 경기를 직접 시뮬레이션하며 스스로 학습하는 것이다. 따라서 방대한 양의 빅데이터도 필요 없다. 이 역시 그 결과를 설명하고 해명하기 어려울 수밖에 없다.

비록 인공지능의 설명 가능성에 관한 태생적이고 기술적인 한계가 있지만, 이를 해결하기 위한 노력을 포기해야 하는 것은 아니다. 인공지능의 성능도 물론 중요하지만 반대로 설명을 통한 투명성과 신뢰가 더 중요한 분야도 있기 때문이다. 예를 들어, 의료, 국방, 금융, 등의 분야에서는 다소 성능이 떨어지는 것을 감안하더라도 설명 가능한 설계를 통해 안전하게 인공지능의 성능을 높여 가는 것이 더 필요할 수 있다.

성능이 더 중요한 분야에서도 설명을 위한 기술적인 시도와 노력을 병행하고 있다. 한 인공지능이 학습을 통해 결과를 내면, 그 인공지능이 낸 결과를 설명하기 위해 다른 인공지능을 개발하는 연구도 진행 중이다. 아이러니하게도 인공지능의 문제를 인공지능 기술로 해결하고 있는 것이다. 이런 노력은 설명을 위해서만 있는 것도 아니다. 예를 들면 학습 데이터의 편향성이나 차별 발언, 혐오 발언 등을 예방하기 위한 인공지능의 학습 분야에서도 인공지능을 활용한다.

얼마 전《뉴욕 타임스》에 재미난 기사가 하나 실렸다. 기사는 여러 사람들의 얼굴 사진을 실었는데, 모두 페이스북에서 한 번쯤 보았을 법한 얼굴들이다. 하지만 이들은 모두 인공지능 기술이 만들어 낸 가짜였다. 단순히 그럴싸한 가짜가 아니다. 이 인공지능은 이용자가 나이, 인종, 성별 등을 선택하기만 하면 실제 있을 법한, 그러나 지구상 어디에도 존재하지 않는 가짜 인물 사진을 만들어 낸다. 딥페이크 기술은 다른 사람의 모습은 물론 목소리까지 똑같이 재현한다. 마음만 먹으면 딥페이크 기술은 언제든지 나쁜 의도로 사용될 수 있다. 인공지능 딥페이크 기술은 쓰기에 따라 세상을 떠난 딸을 다시 만나게 해줄 수도, 어떤 사람이 하지 않은 행동을 한 것으로 오해시켜 선거에 개입할 수도 있다.

언어 분야의 인공지능인 GPT3는 이제 농담은 물론 거짓말도 할 수 있는 수준에 이르렀다. GPT3의 놀라운 능력은 2016년부터 2019년까지 인터넷에 올라온 4,990억 개의 텍스트 데이터를 바탕으로, 1,750억 개의 매개 변수를 학습해 이뤄졌다. 이는 만약 GPT3 교육을 병렬 처리하지 않고 하나의 인공지능 프로세서로 수행했다면 355년이 걸렸을 엄청난 양이다. 읽고 공부한 내용 중에 프로그램 코딩 매뉴얼이 있으니 GPT3이 코딩을 할 줄 아는 건 이상한 일이 아니며, 인터넷에 시와 농담이 있으니 당연히 시도 쓰고 농담도 할 수 있다. 논리적으로는 이해할 수 있지만 그래도 GPT3가 쓴 글을 보면 컴퓨터가 썼다고 믿기 힘든 게 사실이다. 언어 인공지능 프로그램의 능력이 1년에 10배씩 증가하고 있으니 2년 뒤 GPT3보다 100배 뛰어난 GPT4가 등장하면 얼마나 놀라운 능력을 보여 줄지 상상하기조차 쉽지 않다. 사람들에게 사람이 쓴 글과 GPT3가 쓴 글을 함께 보여주고 어느 쪽이 사람이 쓴 것인지 물었을 때 정답률은 52%에 불과했다. 사실상 사람이 쓴 것과 거의 구분이 안 되는 수준인 것이다. 아이러니하지만, 이렇게 인간의 능력으로 판별이 어려운 인공지능의 딥페이크 영상이나 거짓말, 가짜 뉴스를 판별할 때도 인공지능의 도움을 받는 방안이 연구되고 있다.

## 법 제도적 고찰

인공지능에 관한 여러 문제와 우려는 규제 논의로 연결되기도 한다. 최근 미국에서는 통신품위법 230조 폐지 여부를 두고 논의가 뜨겁다. 이 법 조항에 따르면, 인터넷 플랫폼 기업은 이용자들이 올린 게시물에 대해 법적 책임을 지지 않는다. 여러 차별적 콘텐츠나 허위 정보 등이 인터넷 플랫폼을 통해 유통되지만, 인터넷 플랫폼 사업자는 게시판의 운영자일 뿐 직접적인 작성자가 아니라서 법적 책임에서 자유롭다. 하지만 이런 데이터를 가지고 학습한 인공지능과 이를 통한 추천 결과에 대해서는 어떨까? 인공지능에게 법적 책임을 물을 수 있을까? 그동안 230조에 따라 면책을 받아 왔기에, 구글, 페이스북과 같은 인터넷 기업들이 허위 정보의 유포 채널이 되고 있다는 비판이 제기되었고, 여기에 알고리즘 편향성 주장까지 제기되었다(ZDNetKorea, 2021.02.06.). 따라서 이 조항을 폐지하고 서비스 제공자에게도 책임을 물어야 한다는 주장도 있다. 한국인공지능윤리협회의 전창배 이사장 역시 한 언론 인터뷰에서 인공지능 알고리즘은 현재 기술 단계에서는 결코 중립적일 수가 없으며, 인공지능의 윤리적 기준 정립을 우선해서 세우고 이를 기반으로 범죄 목적의 인공지능 개발이나 악용 문제, 피해 배상 등 필수적으로 규제해야 할 부분을 뽑아 법률로 규제해야 한다고 주장했다(조선비즈, 2021.01.11.).

추천을 포함한 인공지능 알고리즘에 대한 규제의 움직임 역시 전혀 없지는 않았다. 미국에서는 뉴욕시가 가장 먼저 움직였다. 2017년 뉴욕의 시의원 제임스 바카James Vacca 등은 알고리즘 책무성 법안Algorithmic Accountability Bill을 발의했다(Probublica. 2017.12.18.). 이 법안은 뉴욕시가 특별위원회를 구성하여 시에서 사용되는 알고리즘이 뉴욕 시민의 삶에 어떤 영향을 미치는지, 그리고 이런 알고리즘이 나이, 인종, 종교, 성별, 성적 지향, 시민권의 여부에 따라서 시민들을 차별하는지 조사할 것을 의무화한다. 바카는 이 법안의 목표가 알고리즘의 투명성Transparency과 설명 책임Accountability의 확립에 있다고 했다. 단, 법안에 명시한 알고리즘의 범위는 '자동화된 결정 시스템Automated Decision System'에 한정했다. 이후 2019년에는 알고리즘 사용에 있어서 편향성이 있는지 점검하는 기구 설립 법안이 통과되었고, 알고리즘 설명 책임 법안 시행을 위해 학계, 법조계, 전문가로 구성된 TF까지 발족했다.

미국 연방에서도 움직임도 있었다. 2019년 상원 의원 론 와이든Ron Wyden이 알고리즘 책무성 법안을 발의했고, 미국 FTC는 법률은 아니지만 2020년 인공지능과 알고리즘 사용에 대한 지침을 발표했다. 이 지침은 기업에게 인공지능과 알고리즘 사용 시 소비자에게 발생할 수 있는 위험을 어떻게 관리할 것인지에 대한 설명을 요구하고, 알고리즘의 투명성, 설명 가능성, 공정성, 견고성, 실증적 타당성, 책임성을 갖출 것을 요구한다. 유럽연합의 GDPR 22조는 '프로파일링을 포함한 자동화된 의사 결정'을 다룬다. 이는 알고리즘에 의한 자동화된 결정을 반대하고 인간의 개입을 요구할 권리, 알고리즘의 결정에 대한 설명을 요구하고 그에 반대할 권리를 규정한다. 즉 기업은 자동화된 결정이 이용자에게 어떤 영향을 미치는지에 관한 예상 결과와 그 심각성 등의 정보를 제공해야 하며, 이용자는 자신의 정보가 처리되는 논리를 알 수 있어야 하고, 나아가 그 과정을 거부할 수 있는 권리도 있어야 한다는 것이다.

사실, 인공지능과 알고리즘을 규제한다는 것은 그리 간단한 문제가 아니다. 그래서 아직까지는 입법 규제보다 지침이나 가이드라인 수준의 논의가 더 많다. 영국은 세계 최초로 데이터윤리 혁신센터를 설치하고, 2019년에는 앨런 튜링 연구소를 통해 《인공지능 윤리와 안전의 이해Understanding Artificial Intelligence Ethics and Safety》라는 지침서를 발간했다. 이 지침서는 인공지능 시스템이 사회에서 윤리적으로 책임 있게 개발되기 위한 원칙과 프레임워크를 세부적으로 제시한다. 프랑스는 대통령이 주도해 인공지능 기술의 투명성 확보를 위한 모델 개발 및 윤리 위원회를 설립했다. 이외에 독일, 호주, 싱가포르 등도 인공지능 윤리 기준의 정립과 실천에 주력하고 있다. 우리나라도 2020년 과학기술정보통신부가 인공지능 윤리 기준을 발표했고, 이와 별개로 방송통신위원회도 인공지능 알고리즘 추천 서비스의 투명성 제고를 위한 기본 원칙을 마련하겠다는 계획을 발표한 바 있다.

인공지능을 통한 서비스를 제공하는 기업의 자율적인 노력도 많이 이루어지고 있다. 기업들은 인공지능에 대한 윤리 가이드라인이나 원칙 등을 만들고 지키고자 노력한다. 마이크로소프트사는 2017년 '인공지능 디자인 원칙'과 '인공지능 윤리 디자인 가이드'를 선보였다. 인공지능의 효율성을 극대화하되 투명성을 갖추고 신뢰성을 확보해야 한다는 것이 주된 내용이다. 자회사인 링크드인LinkedIn도 인공지능의 편향성을 해결하는 도구(LiFT)를 글로벌 오픈소스 공유 사이트 깃허브GitHub에 공개해 주목을 받았다. 구글은 2019년 6월 미국 국방부와 무인 항공기 프로젝트 계약을 맺으면서 '7대 인공지능 윤리 지침'을 발표했다. 인공지능 기술을 무기 개발이나 감시 도구로 사용해 인권을 침해하거나 인종과 성적, 정치적 차별을 하지 않겠다는 내용을 담았다. 구글, 페이스북, 아마존, IBM, 애플 등은 공동 출자 방식으로 '파트너십 온 AI'를 만들어 인공지능의 윤리 문제 해결을 위해 나서기도 했다. 국내 기업 중에도 카카오가 인공지능 윤리 헌장을 발표했고, 네이버는 서울대와 공동으로 인공지능 윤리 준칙을 수립해 발표했다. 네이버는 그 외에도 자사의 뉴스 추천 알고리즘을 외부 전문가에게 공개적으로 검증받기도 했다.

물론 기업의 노력이 있다고 해서 모든 의구심이 해소되는 것은 아니며, 규제가 필요 없다고 할 수도 없다. 하지만 성급한 규제 도입이나 정부의 가이드라인 논의 등으로 인해, 산업 발전이 저해되고 이로 인해 이용자의 후생이 저해될 수 있다는 우려의 의견도 만만치 않다.

앞서 인공지능의 기술적 오류와 학습 데이터로 인한 편향 문제를 살펴보았다. 인공지능 추천의 차별과 편향 논란이 이런 기술적인 부분에서만 발생하는 것은 아니다. 원인이 기술적인 것이라고 정확히 판별하는 것도 쉽진 않지만, 인공지능의 오류나 잘못된 데이터 학습 등과는 무관한 논란도 있을 수 있다.

2016년 미국의 독립 언론사 프로퍼블리카ProPublica는 미국 법원이 사용해온 인공지능인 콤파스Compass의 인종 편향적인 판결에 대해 보도했다(Propublica, 2016.05.23.). 인공지능에 인종, 성별, 나이 등의 변수가 영향을 미치기 때문에, 같은 초범임에도 아프리카계 젊은 남성은 중년의 백인 여성 대비 감옥에 더 오래 있게 된다는 것이다. 한편, 영국 정부는 작년 코로나19로 인해 대입 시험이 취소되자 인공지능에게 가상의 점수를 매기게 했다. 인공지능은 전년도 학교 성적, 교사가 예상한 성적, 소속 학교의 학업 능력 등 다양한 요인을 종합해 성적을 부여했다. 그런데 가정 환경이 좋지 않거나 공립 학교에 다니는 학생들에게 불리한 점수가 나왔다는 지적이 제기됐다. 결과에 반발한 학생들은 시위를 벌였고, 영국 정부는 결국 성적 부여를 철회했다.

두 논란의 공통점은 인공지능을 개발하는 과정과 학습한 데이터에 차별과 편향을 가정하지 않았음에도 불구하고 결과를 놓고서는 차별과 편향 논란이 뜨거웠다는 점이다. 인공지능은 학습 데이터를 투영하는 도구이기 때문에, 투입한 데이터는 우리 사회를 반영한다. 편향된 데이터로 학습한 인공지능은 편향된 결과를 보인다고 했는데, 거꾸로 편향을 의도하지 않은 데이터임에도 편향된 결과가 나왔다는 것은 데이터의 본질이 편향되어 있었다고 볼 수 있다. 하지만 이런 편향된 현실을 설명한다고 해도 논란은 남는다. 현실을 반영하는 인공지능의 편향(?)된 결과로 인해 편향이 더 가중될 수 있다는 우려이다. 그렇다면 편향이 더 가중되지 않도록 조정하면 문제가 해결될까? 이 역시 쉬운 일은 아닐 것이다.

사례를 들어 설명해 보자. 성별이나 인종, 지역 등 민감한 사안에서 차별이 있어서는 안 된다는 것에는 대부분 동의할 것이다. 그렇다고 전체 평균에 따른 비율과 인종 내, 성별 내에서의 비율에 차이가 없다면 공정하다고 볼 수 있을까? 이는 또 다른 기질적 차이를 반영하지 않는 오류 형평성Error Parity의 문제를 발생시킨다(Buolamwini & Gebru, 2018). 실제 비율이 인종별로 성별로 다르다는 사실을 무시하면 역차별로 인해 역시 문제가 발생한다. 콤파스의 알고리즘을 위와 같이 조정하면 초범인 20대 흑인 남성이 가석방을 받기 어렵다는 문제를 해결할 수는 있지만, (재범 우려가 높은 범죄자들이 석방되어 범죄율이 높아지는 문제는 차치하고라도) 50대 백인 여성의 가석방은 더 어려워진다는 부작용을 낳을 수 있다.

현실의 차별과 편향은 차치하더라도, 오랫동안 컴퓨터 공학 분야에서는 인공지능 알고리즘을 정당성을 가진 의사 결정 도구로 활용하기 위하여 여러 가지 공정성 공식과 수학적 정의를 내리는 노력을 이어 왔다(Corbett-Davis & Goel, 2018). 하지만 어떤 알고리즘이 공정한가에 대한 합의는 여전히 거의 이루어지지 않았고, 심지어 그들 중 다수는 서로 양립할 수 없음이 증명되었다(Friedler et al., 2016; Kleinberg et al., 2017). 통계적으로 공정성을 가늠하는 방식이 적어도 5개는 존재하는데, 이들을 동시에 만족하는 '완전한 공정성Total Fairness'은 가능하지 않다는 것이다. 각각이 소수 그룹의 보호에 대해서 서로 다른 합의를 가지는 방식으로 상충하며, 그중 어느 하나를 온전히 만족하려 하면 통계적 정확성을 잃어버리게 된다(Berk et al., 2018).

공학적, 수학적인 공정성을 세울 수 없다지만, 세울 수 있다고 해서 이 논의가 끝나는 것도 아니다. 설사 공학적으로 답을 찾아낸다고 해도, 받아들이는 수용자가 그것을 편향되지 않았다고 인식한다는 보장이 없기 때문이다. 한 스포츠 경기가 끝난 뒤 양팀 팬들의 댓글만 봐도 공정성 논의가 쉽지 않음을 알 수 있다. 한 경기에 내려진 어떤 사실에 관한 판정에 대해서도 대부분의 팬은 심판이 상대편에 유리한 판정을 내렸다고 인식하지, 자기편에 유리한 판정을 내렸다고 좀처럼 평가하지 않는다. 이것은 자신이 속한 집단과 그렇지 않은 집단을 차별적으로 인식하는 내집단 편향이 발생하기 때문이다. 재미있는 것은 집단을 가위바위보와 같이 별 소속감을 느끼기 어렵게 나누어도 똑같은 효과가 나타난다는 점이다. 이를 보고 누군가는 애초에 인간의 인식이 편향으로부터 자유로울 것을 기대할 수 없다고 주장할지도 모르겠다.

하지만 아무런 노력을 하지 말아야 한다는 것은 아니다. 한 알고리즘에 대한 연구에 따르면, 알고리즘 속성의 명확성, 결과물에 대한 설명력, 결과에 대한 통제감을 높여주면 이용자의 공정성 지각이 높아진다(Lee et al., 2018). 이는 상호 작용 공정성Interactional Justice이라는 개념과 연결된다. 상호 작용 공정성은 의사 결정이 이루어지고 그 결과를 전달받는 과정에서 발생하는 공정성으로 정의되며, 절차적인 공정성과 구분되는 독립된 요인이다(Bies & Moag, 1986). 상호 작용 공정성은 대인간 공정성Interpersonal Justice과 정보 공정성Informational Justice으로 구분하기도 하는데, 전자는 개인이 존중받는 방식으로 적절하게 결정이 수행되고 전달되는 것을, 후자는 개인에게 제공되는 정보의 적절성을 의미한다(Colquitt, 2001). 이는 공학적, 수학적 공정함과 심리적으로 인식되는 공정함이, 상관관계가 낮다고 할 수는 없지만, 완전히 일치하진 않음을 잘 보여준다.

공학적으로 완벽하게 공정할 수 없고, 가능하다고 해도 그것이 편향되지 않았다는 인식이 별개의 것이라면, 주의해야 할 것은 오히려 무작정 편향을 두려워하거나 섣부르게 비판하는 것이다. 콤파스의 경우 인종 차별에 대한 언론의 지적은 있었지만, 개발사인 노스포인트Northpointe의 설명 자료를 보면 인공지능의 개발 목적인 재범자와 비재범자를 가려내는 예측 판별에 있어서는 인종 간 유의미한 차이는 보이지 않는다. 즉 같은 인공지능 알고리즘도 어떤 것에 목적을 두었느냐에 따라 차별과 편향에 대한 해석이 달라질 수 있다(Dieterich et al., 2016). 인종과 같은 문제는 주의 깊고 조심스레 다뤄야 할 중요한 이슈이지만, 노스포인트의 설명 자료가 주는 의미를 곱씹어 볼 필요가 있다. 인공지능의 결과에 대해 목적과 다양한 관점이 있음을 간과해서는 안 되며, 해석하는 관점에 따라 어떤 결과든 얼마든지 편향되고 차별적인 것으로 볼 수 있기 때문이다. 결국 우리가 해당 인공지능을 통해 얻고자 하는 목적(범죄율 감소 등)과 차별과 편향 논란에서 지키고자 하는 가치를 모두 고려해야만 한다.

영화 〈마이너리티 리포트〉에서처럼 범죄를 미리 판단해서 예방하기 위해 인공지능의 힘을 빌린 사례도 있다. 산타크루즈시는 프레드폴PredPol이 개발한 인공지능 프로그램을 도입 후 1년 동안 절도(11%)와 강도(27%) 사건이 모두 감소했다고 밝혔다(Santa Cruz Sentienl, 2012.02.26.; SFWeekly, 2013.10.30.). 물론, 이 인공지능도 인종 차별과 관련한 비판이 있었다. 하지만 사실 이 인공지능은 사람이 아닌 장소를 결과물로 적용했고, 그래서 범죄가 일어나기 쉬운 장소를 예측해 더 자주 순찰차를 배치하도록 한 것이었다(물론 여기에도 비판은 존재한다). 인공지능의 차별과 편향으로 인한 피해만 우려할 것이 아니라, 그로 인해 얻을 수 있는 수해와 발생하는 피해를 상쇄할 수 있는 다방면의 고민이 필요하다.

## 현명한 추천 서비스 이용을 위해

지금까지 인공지능 추천의 필요성과 우려 사항을 여러 관점에서 살펴보았다. 이러한 우려가 있음에도 우리는 인공지능 추천을 꼭 이용해야 할까? 문제와 우려가 있다고 모두 회피하거나 금지하는 것이 현명한 방법은 아니다. 빠른 속도로 늘어나는 정보와 콘텐츠의 양을 생각해 본다면, 국경 없는 경쟁을 펼치고 있는 온라인 서비스에서 우리만 그것을 이용하지 않는 게 무슨 의미가 있을지 생각해 본다면 더욱 그럴 것이다. 포브스Forbes는 인공지능을 4차 산업혁명으로 상징되는 기술 발전에 따른 사회 패러다임 전환 시기에 가장 영향력 있고 대중적으로 기대가 높은 첨단 ICT 기술로 보았다(Forbes, 2019). 그러면서, 향후 10년 동안은 인공지능으로 인한 사회적 혜택이 사회적 위협보다 많을 것이라고 하였다. 그렇기에 우리가 할 수 있는 가장 현명한 방법은 인공지능의 편리함을 누리면서 부작용을 가능한 한 최소화하는 것이다. 이를 위해서는 무엇보다 인공지능의 부작용의 실체가 무엇인지 정확히 알아야 한다. 모든 약에 부작용이 있듯이, 인공지능이라는 약에도 부작용이 따르지만, 그것만 따로 분리하기란 어려운 일이다.

부작용을 최소화하면서 인공지능 추천이라는 명약을 목적과 상황에 따라 쓰기 위한 몇 가지 방법을 논의해 보고자 한다. 먼저, 가장 중요한 것은 인공지능(추천)에 대한 막연한 공포를 가지지 않는 것이다. 1968

년 영화 〈2001 스페이스 오디세이〉에는 인공지능이 스스로의 판단으로 우주 비행사를 우주선 밖으로 쫓아내려는 장면이 있었다. 영화 〈터미네이터〉는 인공지능인 스카이넷이 지구를 파괴하고 인간을 지배하려 한다는 상상력으로 만들어졌다. 이들은 인공지능이 스스로 생각하고 결정하면서 인간을 돕는 수단이 아니라 인간과 대결하거나 적이 되는 상황을 가정하고 있다. 하지만 현실은 다르다. 이세돌과 알파고처럼 인공지능과 인간이 서로 대결할 때도 있지만, 대부분의 인공지능은 인간을 돕기 위한 도구로서 존재할 뿐이다. 인공지능은 인간에 의해 만들어진 인간을 위한 도구이다. 인간을 돕기 위한 도구로서의 인공지능이 인간을 조정하는 것은 쉬운 일이 아니다. 인공지능 추천 서비스가 의도적으로 이용자가 원하지 않는 것을 지속적으로 추천하기도 어렵지만, 그렇다고 해도 이용자의 생각을 바꾸고 태도를 변화시킨다는 것은 사실 매우 어려운 일이다.

추천은 인공지능 이전부터 있었다. 영화 평론가의 추천을 빙자한 홍보 글을 믿었다가 실망하거나, 가게 점원의 추천으로 구매한 옷을 옷장에 처박아 두는 경험이 누구에게나 한번쯤 있는 것처럼 말이다. 사실, 서비스 제공자 입장에서 일부러 편향된 추천을 하는 것도 쉬운 일이 아니다. 다시는 그 영화 평론가의 추천 영화를 보지 않고, 그 가게에서 옷을 사기 싫어지는 것과 마찬가지다. 인공지능이든 아니든 이용자가 이용할 수 있는 추천 서비스가 그것 하나만 있지 않기 때문이다.

인공지능 서비스의 이용자는 다른 정보를 찾고 비교해 볼 필요가 있다. 인공 지능의 추천 여부와 무관하게, 공정한 추천은 공학적으로나 인식적으로도 현재로선 불가능하다. 공정성 논란을 일으키는 부작용은 다양성으로 완화할 수 있다. 인터넷 서비스의 대부분은 전환 비용이 크지 않고 무료인 경우도 많아 여러 서비스를 복합적으로 이용하는 멀티 호밍이 어렵지 않다. 인공지능 추천은 이용자의 만족도가 높으리라 생각되는 것만을 계속 편향되게 추천할 수 있으므로, 한 가지 서비스만 쓰는 것이 아니라 다양한 추천 서비스를 병행해 이용하고, 나에게 주어진 추천이 편향되었을 수 있다는 것을 잘 지각하면 된다. 경상대학교 부수현 교수의 필터 버블 연구에 따르면, 편향성을 지각하거나 미디어 효능감이 높을수록 그에 대한 우려도 낮고, 다양한 정보를 탐색한다고 한다(부수현, 2019). 막연한 우려보다는 행동이 필요하다.

인공지능의 특성을 이해하고 그에 맞게 서비스를 이용할 필요가 있다. 즉 비지도 학습과 지도 학습의 차이, 데이터 속성 등 인공지능의 특성을 잘 이해하고 이용하는 것이 중요하다. 여러 종류의 콘텐츠와 정보를 다루는 인공지능 알고리즘의 추천 결과는, 특화된 콘텐츠나 정보를 다루는 알고리즘의 추천 결과와 다를 수 있다. 인공지능 알고리즘이 다루는 범위를 한정하면 할수록 학습하고 처리하는 데이터 규모가 줄어들 수는 있겠지만, 그 분야에 특화되어 성능이 좋아질 수 있다. 쇼핑 서비스에 인공지능을 활용한다고 하면, 쇼핑 서비스에만 있는 특성을 학습해 추천함으로써 쇼핑 추천의 품질은 더 높아질 것이다. 검색 사이트가 한 번에 모든 검색 결과를 뭉뚱그려 제시하지 않고 여러 영역별로

나눠서 보여주는 것은 그런 이유에서일 것이다. 분야를 나누어 해당 서비스에만 있는 독특한 특성을 활용하고, 반대로 해당 서비스에서 활용하면 위험할 수 있는 요인을 감안해 제외할 수도 있어야 한다. 모든 종류의 콘텐츠를 다루는 추천 인공지능 알고리즘에서는 하기가 어렵겠지만, 어떤 종류나 분야의 콘텐츠, 특정한 목적 등에 따라 위험성을 감안해 속성을 조절할 수도 있을 것이다. 예를 들면 뉴스 서비스와 같은 곳에서는 정치 성향에 편향된 추천을 제외하는 것이다. 정치 성향에 따른 필터 버블이 발생하지 않도록 말이다.

한편, 규제 기관은 이용자 보호에만 초점을 두고 너무 섣부른 규제의 칼을 꺼내 들어선 안 된다. 규제가 전부 필요 없다는 것은 아니다. 다만 규제를 너무 광범위하게 적용함으로써 모든 가능성의 싹을 잘라서는 안 된다. 규제가 필요한 부작용과 우려를 구체화하고, 충분한 사회적 논의를 거쳐 굉장히 세분화하고 특정화한 규제가 필요하다. 미국 뉴욕시가 제정한 최초의 규제도 그 적용 범위가 인공지능 전반이 아니며, 인공지능을 통해 자동적인 의사 결정이 이루어지는 경우에만 한정되어 있다. 그럼에도 후속 논의가 별다른 진전이 없다는 점 역시 참고해야 할 것이다.

기업도 인공지능에 대한 우려를 줄이기 위해 더 적극적이고 자발적으로 노력할 필요가 있다. 인공지능에 대한 윤리와 가이드라인을 수립하고, 중요하거나 논란이 있을 수 있는 서비스에 대해서는 외부 전문가의 도움을 받는 등 절차적 투명성을 높이기 위해 노력해야 한다. 인공지능의 알고리즘은 기업의 경쟁력이자 영업 기밀이라 공개가 어렵다. 하지만 그 과정의 투명성을 갖추는 노력을 통해 이용자에게 신뢰를 주려는 노력을 경주해야 한다. 그리고 과정은 물론 결과에 대해 최대한 성실히 설명하고 소통하면서 이용자에게 다가가야 한다.

이어령 전 장관은 인공지능의 우려에 대해 역사적으로 인간이 기계에 앞선 적이 있었느냐는 반문을 던졌다(주간동아, 2016.03.11.) 인간은 자동차보다 느리고, 기계보다 약하며, 비행기처럼 날 수 없다. 마찬가지로 인공지능보다 더 많은 데이터를 학습하고 빨리 계산해 다른 이에게 더 알맞은 정보를 추천할 수도 없다. 자동차의 운행 속도가 마차보다 느리도록 제한했던 붉은 깃발법과 우려에 자동차 산업이 계속 갇혀 있었다면, 자율 주행차를 기대하는 현재에 와있지 못할 것이다. 안전띠를 매고, 작동 원리를 이해하고, 운전 규칙을 지키면서 자동차가 발전해 왔듯이, 인공지능도 다르지 않은 자세로 대하는 것이 필요해 보인다.

**그림과 표의 출처**

**그림 1.** Robins, 2020.05.27.

# 04

# 디지털 언어, 파괴와 폭력을 넘어

박환영

디지털 공간의 접근성과 개방성, 나아가 신속성과 익명성은 언어 파괴와 언어 폭력을 야기할 수 있다. 특히 모바일 환경에서 인터넷을 통한 의사소통과 정보의 교류가 증가하면서, 언어 파괴와 언어 폭력의 문제 역시 더욱더 확대되고 있다. 언제 어디서나 접속할 수 있는 인터넷을 통한 자유로운 의사소통과 정보의 교류는 누구나 누릴 수 있는 개인의 권리이지만, 상대방을 배려해야 하는 사회적 책임감도 함께 요구된다. 이런 점에서 본 장에서는 인터넷 공간에서의 언어 파괴와 관련하여 인터넷 언어가 지닌 창조성과 더불어 인터넷 외계어의 문제를 함께 살펴보고자 한다.

## 인터넷 언어가 가지는 언어 파괴의 두 가지 측면

인터넷 언어는 '통신 언어' 혹은 '네티즌 언어'라는 이름으로도 불리며 게시판 언어, 꼬리말 언어, 대화방 언어 등을 포함한다. 이들은 인터넷을 기반으로 하루가 다르게 급속히 변하는 오늘날 우리 사회의 언어문화를 가감 없이 드러낸다(김미형, 2013, p.105). 인터넷 언어는 오늘날 컴퓨터 통신을 사용하는 전 세계 거의 모든 나라의 언어에서 볼 수 있는 일반적인 언어 현상이며, 언어의 경제성과 언어적 유희를 보여주기 위한 방식과 은어적인 집단 동질성을 보여주는 방식 등 다양한 모습을 보인다. 특히 인터넷상에서 문자를 가지고 입말과 비슷하게 구사하기 위해 띄어쓰기를 무시하거나 소리 나는 대로 입력하는가 하면, '안녕하세요' → '안냐세요', '반가워요' → '방가방가' 등과 같이 축약된 새로운 어휘를 창조하기도 한다. 더욱이 인터넷 언어는 화자의 감정을 표현하기 위해 이모티콘Emoticon을 사용하는 등 복잡한 형태로 끊임없이 계속해서 발전하고 있다.

인터넷 언어는 일상적인 언어 생활 속에서 문자 기호로 구어 대화를 나누어야 한다는 비정상적인 상황을 타개하기 위한 고육책으로부터 발생하였다고도 볼 수 있다. 예를 들어 음성 대화에는 말하는 사람의 감정이나 몸의 상태가 기본적인 언어 정보에 얹혀서 전달되는 것이 일반적이기에, 네티즌들은 타이핑된 무미건조한 글자에 음성 정보를 대체할 생동감 넘치는 구어적인 요소를 더 첨가하고 싶은 것이다. 만약 이러한 기본적인 표현 욕구를 제한한다면, 인터넷상에서의 기발하고 신선하며 발랄한 언어 사용을 더는 기대할 수 없을 것이다. 그러나 이러한 표현은 정규적이고 규범적인 문어체의 글쓰기 공간을 위협하고 있으며, 특히 인터넷 외계어와 같은 지나친 언어 파괴는 일상적인 언어 생활에 부정적인 요소로 작용할 수 있다.

따라서 인터넷 언어가 지닌 언어 파괴의 두 가지 측면을 나누어 분석할 수 있다. 먼저 제한된 문자 기호로 신선하고 재미있게 의사소통을 진행하고자, 창의적인 요소와 구어적인 요소를 첨가함으로써 면대면 Face-to-face 커뮤니케이션을 지향하는 다소 긍정적인 측면이다. 다른 하나는 또래의 집단성과 은어적인 요소를 지나치게 가미한 인터넷 외계어와 같은 부정적인 측면이다.

오정란(2019)은 인터넷 언어가 지닌 이러한 특징을 면대면 커뮤니케이션을 향한 보완 기제로 보고, 구어적인 청각성, 표정 읽기의 시각성, 은어적인 집단 동질성 등을 통해 접근하고 있다. 구어적인 청각성과 표정 읽기의 시각성은 첫 번째 측면으로, 은어적인 집단 동질성은 두 번째 측면으로 간주할 수 있다. 먼저 인터넷 언어가 가질 수 있는 두 가지 측면 중에서 첫 번째 측면을 오정란(2019)이 기술하는 구어적인 청각성과 표정 읽기의 시각성을 중심으로 정리하면 다음과 같다.

### 구어적인 청각성*

(1) 연철 표기

① 내 방에 사라미(사람이) 아노다니(안 오다니)!

② 미노(민호) 너희 또 술 마셨나?

③ 님덜 복 마니마니(많이 많이) 바다여.

(1)-①은 연음되는 실제 입말의 표음적 표기이고, (1)-②와 (1)-③은 모음과 유성음 사이에서 'ㅎ'이 탈락하는 한국어의 발음 특성을 잘 반영한다.

(2) '장음'이라는 면대면 효과를 가지는 물결표 '~'

① 모닝: 여러부운~ 부~우~자~ 되세요오~
(여러분 부자 되세요)

② 파도: 바~앙~자~앙~니~임~!!!
(방장님)

* 연철 표기의 사례와 물결표(~)를 이용한 장음 표시의 사례는 전병용(2002)을 참조하였고, 모음과 자음의 첨가로 인한 청각성 효과의 사례는 이주희(2010)를, 자음만으로 청각성을 나타내는 사례는 오정란(2019)를 참조하였다.

(3) 모음과 자음의 첨가로 인한 청각성 효과

① 막냉이들끼리 자알~논다

② 여봉~나 무겁징?^^

③ 했어염~, 아니예염~

(3)-①에서는 부사 '잘'을 강조하기 위하여 모음 '아'를 첨가하였다(잘 → 자알). (2)-①에서도 모음 '우'를 첨가하여 청각성을 나타내고 있다. (3)-②와 (3)-③은 자음을 첨가한 사례로, 주로 받침에 공명음인 비음 'ㅇ'과 'ㅁ'을 첨가함으로써 '애교 섞인 콧소리를 내는 듯한 청각성'을 표출하고 있다.

(4) 자음만으로 청각성 보충

| | |
|---|---|
| ① ㅉㅉㅉ | (짝짝짝: 박수 소리) |
| ② ㅋㅋㅋ | (크크크: 웃음소리) |
| ③ ㅎㅎㅎ | (하하하: 웃음소리) |
| ④ ㄱㅅㄱㅅ | (감사감사) |
| ⑤ ㅁㅈㅁㅈ | (맞아맞아) |
| ⑥ ㅊㅋㅊㅋ | (축하축하) |

### 표정 읽기의 시각성(이모티콘)*

이모티콘은 채팅과 같은 인터넷상의 글쓰기에서 마치 상대방의 표정을 읽는 듯한 분위기를 연출하여 의사소통을 좀 더 생생하고 인간적으로 만드는 기능을 한다. 즉 인터넷 언어 이용자들은 간접적인 대면에서 오는 결핍을 보충하여 마치 면대면 커뮤니케이션을 하는듯한 분위기를 조성하기 위하여 이모티콘을 사용한다고 볼 수 있다(손지영, 2000).

(1) 단순한 이미지형

① ㅜㅡㅜ ㅜㅡㅠ ㅠㅡㅜ ㅠㅡㅠ (눈물, 울상)

② ^^ *^^* (웃음)

③ >.< (괴로움)

④ ㅇㅅㅇ ㅇㅇ; (놀람)

(2) 복잡한 이미지형

① ●●●● (초코파이)

② ◎◎◎◎ (양파링)

③ ▦▦▦▦ (웨하스)

④ @))))) (김밥)

---

* 단순한 이미지형 이모티콘과 복잡한 이미지형 이모티콘의 사례는 전병용(2002)을 참조하였다.

⑤ 〉(/////)〈 (사탕)

⑥ &&&-----&&& (줄다리기)

⑦ (:::[ ]:::) (일회용 반창고)

⑧ @--〉----- (꽃)

⑨ 〈‘)))))〉〈 〈’)3333〉〈 (물고기)

⑩ (=‘.’=) (토끼)

## 인터넷 언어의 은어적인 집단 동질성과 양층 언어 현상

인터넷 언어가 가질 수 있는 주요한 두 가지 측면 중에는 언어의 창조성, 유희성과 함께 또 다른 측면이 포함되어 있다. 이를 오정란(2019)이 기술하는 은어적인 집단 동질성, 그리고 좀 더 논의를 확대하여 양층 언어 현상Diglossia을 중심으로 기술하면 다음과 같다.

### 은어적인 집단 동질성

(1) 인터넷 외계어*

① 土욜날학교끝㉯㉶㉱㉶교복입흔채루만㉯西②곳咀곳놀러多니多㉮6시땡(하)면손잡九성당㉮西美④드리는巨

(토요일 학교 끝나자마자 교복 입은 채로 만나서 이곳저곳 놀러

---

* 각각 김기혁 외(2010), 오정란(2019) 참조.

다니다가 6시 되면 손잡고 성당 가서 미사 드리는 거)

② 왹계ㄲ얹 쓰눅궼 왡 납허혐 (외계어 쓰는 게 왜 나빠요?)

(2) 음차 대체 표기

① 8282 (빨리빨리) / 1010235 (열열히사모해) / 1004 (천사) / 2 (to)

② b (be) / @ (at)

③ b4 (before) / @oms (atoms) / 2day (today)

④ 하2루 (하이루) / 미5 (미워) / 감4 (감사) / 바2 (bye) / 밥5 (바보)

⑤ 근D (그런데) / R겠G (알겠지)

⑥ 10C미 (열심히)

⑦ ㅃ2 (바이: 헤어질 때 인사)

(3) 해체 표기

음절로 모아쓰는 한글 표기의 원칙을 의도적으로, 고의적으로 벗어나는 형태이다.

① 로그: ㅎ ㅏ ㅈ ㅣ 만난변 ㅎ ㅏ ㅈ ㅣ

② 아담: ㅇ ㅓ ㅅ ㅓ 옵 ㅅ ㅕ ~^^;

③ 앙큼섹쉬마린: ㅅ<br>ㅠ<br>ㅇ

(4) 모음 변이

① silver: 아부쥐 (아버지)

② 부팀: 아늬 (아니)

③ 머찐안개: 아~ 이 노래 쥑인다 (죽인다)

④ 록크: 저능 인제 … 물러감늬닷 (물러갑니다)

⑤ 에비앙: 외국인이랑도 칭구하눼 (친구하네)

위와 같은 모음 변이 일으키는 심리적 기제는 표현 효과를 위하여 이탈적 표기를 시도하는 데 있다고 이해할 수 있다.

(5) 부정회귀(역逆구개음화)

① 듀금 (죽음) / 듀리 (우리) /

② 덩말 (정말) / 깜땩 (깜짝)

(6) 과잉 분철 표기

① 시포: 울이 (우리)… 자기한테… 일러버린다~ ~

② 써니: 숙오해라~ (수고해라)

③ 쮸늬: 근향 (그냥) 빙신 가치 웃을란다

**한국어의 피그 라틴과 양층 언어 현상**

정도의 차이는 있겠지만, 인터넷 언어가 지닌 은어적인 집단 동질성은 일상적인 의사소통에서 부분적으로 장애를 주기도 한다. 특히 은어적인 동질성이 지나치게 강조되어 특정한 집단을 벗어나서는 의사소통이 잘되지 않는 인터넷 외계어는, 언어 파괴의 정도가 심한 편이라서 세심한 주의가 필요하다. 그런데 인터넷 외계어와 유사하게 디지털 공간에서 사용되는 인터넷 언어 중에서, 은어적인 집단 동질성의 특징을 지닌 또 다른 유형으로서 귀신 말(혹은 도깨비 말)의 사례를 들 수 있다. 한국어의 피그 라틴Pig Latin으로 간주할 수 있는 이들은 일부 사용자가 인터넷으로 채팅할 때 사용하며, 인터넷상에는 피그 라틴으로 표현된 문장을 실제적인 의미로 자동 번역해 주는 사이트도 있을 정도이다(김주관, 2011). 피그 라틴은 '돼지들이 사용하는 라틴어'라는 의미로 해석할 수 있지만, 실제 라틴어를 가리키는 것이 아니라 영어를 모국어로 하는 화자들에게 라틴어처럼 이상하고 이국적으로 보이는 영어 사용을 의미한다. 예를 들면 초성 자음이나 자음군, 즉 두음Onset을 그 단어의 끝으로 이동하고 여기에 '-ay'를 붙여서, atcay(cat), ogday(dog), atchscray(scratch), appleyay(apple), underyay(under) 등처럼 만든다(김주관, 2011).

한편 김주관(2011)에 의하면, 오늘날 한국어에서도 피그 라틴을 볼 수 있다. 한국어에서 피그 라틴의 형식인 귀신 말 혹은 도깨비 말을 만드는 데 있어 가장 광범위하게 사용되는 방법은 음절(더 정확히는 글

자) 단위에서 이루어진다. 즉 모음으로 끝나는 음절은 '한글 자음 중 하나+앞 음절의 모음'을 해당 음절의 다음에 덧붙이고, 자음으로 끝나는 음절은 종성을 분리하고 앞의 음절에 '한글 자음 중 하나+앞 음절의 모음'을 덧붙인 뒤 종성을 그다음에 덧붙이는 형식을 취한다. 이론적으로는 한글의 자음 중 무작위로 선택한다고 하지만, 실제로는 주로 'ㅂ'이나 'ㅅ'을 사용하며, 이때 'ㅂ'을 사용하면 도깨비 말, 'ㅅ'을 사용하면 귀신 말이라고 부르기도 한다. 은어적인 집단 동질성을 위하여 'ㅂ'이나 'ㅅ'을 주로 사용하는 점은, 한국어 화자들에게 음향 심리학적으로나 문화적으로 'ㅅ'이나 'ㅂ'이 가장 이국적인 소리로 인식된다는 사실에 근거를 두기도 한다. 이를 좀 더 구체화해서 귀신 말 혹은 도깨비 말의 구성 요소를 규칙화하면 다음과 같이 나타낼 수 있다(김주관, 2011).

① (C1) V1 (C2) → (C1) V1 - C3 V1 - (C2) : C3에 주로 'ㅂ' 또는 'ㅅ'을 사용*

- 대한민국 → 대애하안미인구욱 → 대배하반미빈구북 : 'ㅂ'을 사용 (도깨비 말)
- 대한민국 → 대애하안미인구욱 → 대새하산미신구숙 : 'ㅅ'을 사용 (귀신 말)

---

* 한→ 하안→ 하반 (C3에 'ㅂ' 사용) 혹은 한→ 하안→ 하산 (C3에 'ㅅ' 사용)

② (C1) V1 (C2) → (C1) V1 (C2) - C3 V1 (C2) : 변이형. C3에 주로 'ㅂ' 또는 'ㅅ'을 사용*

- 대한민국 → 대배한반민빈국북 : 'ㅂ'을 사용
- 대한민국 → 대새한산민신국숙 : 'ㅅ'을 사용

귀신 말 혹은 도깨비 말은 입말보다는 주로 글말로 풀어 기술되면서 은어적인 잡단 동질성이 강해지며, 집단에 속하지 않는 사람과는 잘 소통할 수 없는 언어로 변신하기도 한다. 문자로 주고받는 일상적인 대화 속에서 볼 수 있는 도깨비 말의 실제적인 사용 양상을 구체적으로 예시하면 다음과 같다(김주관, 2011).

초보디빙때배애배드블이비이비거벌로보비비미빌으블대배노뽛고보마발해뱄어버요뵤. 그븐데베조보그븜어버려벼워붜요뵤 (도깨비 말)

→ 초딩 때 애들이 이걸로 비밀을 대놓고 말했어요. 근데 조금 어려워요. (일상적인 말)

이상에서 예시한 바와 같은, 은어적인 집단 동질성을 지닌 인터넷 외계어와 한국형 피그 라틴으로 불리는 귀신 말(혹은 도깨비 말)의 사

---

* 한→ 한안→ 한반 (C3에 'ㅂ' 사용) 혹은 한→ 한안→ 한산 (C3에 'ㅅ' 사용)

용은 일종의 양층 언어 현상으로 볼 수 있을 것 같다. 양층 언어 현상은 한 언어 내에서 나타나는 두 가지의 기능적 변이로 정의할 수 있는데, 높은 차원(High)의 변이는 공식적이고 형식적인 영역에서 주로 기능하는 데 반하여, 낮은 차원(Low)의 변이는 비공식적이고 격식을 차리지 않는 영역에서 주로 기능한다(Hamers & Blanc, 1989). 이런 측면에서 볼 때 한글 맞춤법은 주로 격식적인 변이형을 규정하며, 구어에서 자주 사용하는 다양한 방언형은 비격식적인 변이형으로서 SNS에서 사용하는 글과 문자도 여기 포함된다고 할 수 있다(안주현, 2016).

양층 언어 현상은 이집트와 같이 아라비아어를 사용하는 나라에서 흔히 볼 수 있다. 가정에서는 아라비아어의 지역적 변이형인 언어를 사용할 수 있지만, 공식적으로 인정되는 언어는 코란의 고전 아라비아어로부터 많은 규범적 규칙을 가져온 현대 표준 아라비아어이다. 다시 말해서 표준 언어는 강의, 독서, 작문, 방송 등 높은 차원(H)의 기능을 위해 사용하는 데 반해, 가정 변이형은 집에서 친구와 대화하는 등 낮은 차원(L)의 기능을 위해 사용한다. H와 L 변이형은 문법, 음운론, 어휘는 물론 기능, 권위, 글말의 전통, 습득, 표준화, 안정성 같은 많은 사회적 특징과 관련해서도 서로 다르다(수잔 로메인, 2009). 같은 맥락에서 오늘날 은어적인 집단 동질성이 지나치게 반영된 인터넷 외계어와 귀신 말은 비공식적이며 격식을 차리지 않은 인터넷 공간에서 또래 친구들끼리 사용하는 언어로서 낮은(L) 변이로 기능한다고 볼 수 있다.

인터넷 공간에서의 잘못된 언어 사용이 심화하여 양층 언어 현상이

나타날 수 있다는 위험성은 단지 인터넷 외계어와 귀신 말에만 한정되는 것은 아니다. 다시 말해, 대수롭지 않게 인터넷 공간에서 네티즌끼리 그네들의 방식으로 사용하는 보통의 언어 행위도 그 정도가 심하면 대중적인 의사소통에 장애를 가져다줄 수 있다. 실제로 인터넷 공간에서만 통용되는 은어와 인터넷 신조어는 인터넷 방식의 소통에 익숙한 사람들끼리 서로 의사소통을 하는 데 어려움을 주진 않지만, 인터넷 언어에 익숙하지 않은 사람이나 인터넷 채팅 공간에 참여하지 않은 사람과의 의사소통에 어려움을 가져다주기도 한다(엄정호 외, 2020). 즉 인터넷 공간에서 자주 사용되는 은어와 신조어의 무분별한 남용은 일상적인 언어 생활에도 부정적인 영향을 미칠 수 있고, 인터넷 언어에 익숙한 언어 집단과 그렇지 않은 언어 집단 사이에 의사소통이 원활하게 이루어지지 않는 일종의 양층 언어 현상이 나타날 수 있다.

## 인터넷 언어의 과제와 전망

인터넷 언어의 특징인 구어적인 청각성(표음적 표기), 감정을 나타내기 위한 이모티콘, 집단 동질성을 나타내는 은어 등이 일상적인 언어의 사용 규범을 완전히 벗어날 수도 있다. 인터넷 언어는 종종 일상적인 생활에서 사용하는 언어와 확연하게 다른 구어적 특성을 가지다 보니 언어 규범에 벗어난 표기가 많은 것이 사실이며, 가끔은 인터넷 '외계어'라고 부를 정도로 특수한 집단 외 대다수 언중 사이에서는 거의 소통이 불가능할 정도로 언어 파괴가 심한 편이다.

인터넷 언어는 일상적으로 받아들여지는 언어 규범에서 벗어난 비규범적 사용이 두드러지긴 하지만, 앞서 말한 것처럼 이는 면대면 커뮤니케이션을 향한 보완 기제이자 채팅이나 댓글 등 공개적인 글쓰기 광장에서 집단의 결속을 나타내는 은어적 표현 행위라고 볼 수 있다. 인터넷 언어에서 감정을 제대로 나타내기 위해서 자주 사용되는 이모티콘은 15세기에 간행된《훈민정음》(해례본)에 나와 있는 내용과 연계해서 살펴볼 수도 있다.《훈민정음》(해례본)의 첫머리에 실려 있는 어제서御製序를 보면, 새로운 문자(한글)를 창제한 목적이 잘 기술되어 있다.

> 國之語音 異乎中國 與文字不相流通 故愚民有所欲言 而終不得伸其情者多矣 予爲此憫然 新制二十八字 欲使人人易習 便於日用耳. 우리나라의 말소리가 중국과 달라서 한자와 서로 잘 통하지 아니하므로 이런 까닭에 어리석은 백성이 말하고자 할 바가 있어도 마침내 제 뜻을 능히 펴지 못하는 자가 많으니라. 내가 이를 불쌍히 여겨 새로 28자를 만드니 사람마다 쉽게 익혀 날마다 사용함에 편안하게 하고자 할 따름이니라.

위의 내용 중에서 특히 "伸其情신기정"이라는 표현을 주목할 만하다. 즉 情정을 펼친다는 의미는 백성들이 마음에 품은 감정과 정서를 마음껏 표현한다는 내용을 담은 것으로 해석할 수 있다. 한글이 지닌 이러한 특징을 21세기 인터넷 언어의 이모티콘에서 엿볼 수 있다는 점은 흥미롭다.

또한 인터넷 통신 공간에서 만들어지고 쓰이는 새말들은 정확한 정보 전달 면에서는 대체로 불리하지만, 재미 나눔, 감정 표현, 유대감 형성, 심리적 해방 면에서는 도움이 되는 게 많다. 예를 들어서, '꾸벅', '뿌잉뿌잉', '쓰담쓰담', '헐', '후덜덜', '꺄악', '으헉', '푸하하'와 같은 의성어와 의태어는 일상어에 없던 새로운 표현이란 점에서 재미와 신선함을 주고, 효과적인 감정 표현을 돕는다. 또한 '깜놀', '금사빠', '불금', '볼매', '생축', '생선' 등의 줄임말은 언어 경제성 면에서 유리하고 재미있으며, 은어로서의 매력도 있다. 이러한 새말 표현을 일상어의 규범 체계 안에 어떻게 수용함으로써 일상어를 더 풍부하게 가꾸어 나갈 것인지 진지하게 고민하는 것도 규범적 연구가 가져야 할 새로운 관점이다. 즉 인터넷 매체의 특성을 전적으로 무시하고 일상어 규범을 강제할 게 아니라, 인터넷 언어로부터 어떻게 하면 일상어 체계와 사람들의 언어 생활을 더 풍요롭게 발전시킬 수 있을지에 초점을 둔 새로운 규범적 접근이 나와야 할 것이다.

## 인터넷 언어 폭력의 유형과 규제 방안

디지털 환경이 일상화된 현재, 인터넷 언어는 언어 파괴라는 문제와 더불어 언어 폭력이라는 문제도 함께 가지고 있다. 인터넷 환경에 익숙한 현대인은 무례한 표현, 욕설 표현, 저주 표현 등의 다양한 비윤리적 언어 행위를 디지털 공간에서 자주 경험할 수 있다. 특히 욕설은 주로 성性이나 부정적 가치를 지닌 동물, 혹은 가난, 형벌, 질병, 죽음과 같이 인간이 두려워하는 것을 끌어들여 표현한다. 이는 인터넷 언어 폭력의 대표적인 형태로서 금칙어禁飭語로 분류하기도 한다.

인터넷 금칙어는 미성년자들의 일상적인 언어 생활을 보호하고, 품위 있는 언어 사용을 유도하며, 사회 질서를 유지할 목적 등으로 인터넷상에서 쓰기 또는 검색을 제한한 언어 표현을 말한다. 무절제한 언어 폭력에 능동적으로 대응하기 위한 금칙어를 중심으로, 인터넷 언어 폭력의 유형과 규제 방안을 살펴보자.

## 금칙어의 생성과 확산

인터넷 언어의 특징은 언제나 그리고 어디서나 접속할 수 있는 인터넷 환경을 통하여 자유롭게 의사소통하는 개인과 개인이 대량으로 연결되어 있다는 점, 익명의 개인들이 표현의 제약을 거의 받지 않고 너무나도 손쉽게 의사소통을 수행하고 있다는 점이다. 오늘날 필수 불가결한 이 언어 소통 수단은 신속함과 간결함이라는 긍정적 측면이 있지만, 여과 없이 사용되는 부정적인 언어 사용으로 인하여 언어 폭력과 같은 엄청난 사회·문화적 문제를 가져오기도 했다. 특히 언어 폭력의 한 유형으로 인터넷상에 만연하는 특정 용어와 표현은 금칙어로 지정되어 부분적인 통제를 받기도 한다.

예를 들어, 인터넷 공간의 부정적인 언어 사용에 대한 대응으로서 2003년 정보통신 윤리위원회는 718개의 금칙어를 선정하였고, 이후 2009년 한국콘텐츠진흥원은 9,532개의 금칙어를 선정한 바 있다. 현재도 네이버, 다음, 네이트Nate 등의 포털이나 게임 사이트, 개별 사이트 등에서도 독자적으로 금칙어를 정하여 운영하고 있으며, 각 사이트의 특성에 따라 금칙어를 별도로 규정하기도 한다. 금칙어는 내용에 따라 성기 또는 성행위와 관련된 선정적인 표현, 인격 비하나 차별적인 뜻이 있는 비속어, 사회적으로 문제가 되는 행위에 대한 표현, 인터넷 매체의 특성과 관련하여 새로 등장한, 이용자들에게 부담스러운 표현 등으로 구분할 수 있다(이정복 2009, 박동근, 2012).

인터넷 사용자들은 금칙어로 인한 표현의 제약을 피하고자 '새끼'를 '새퀴', '새애끼'로 쓰는 등 낱말의 형태를 변형하거나, 'G랄', '4까C', '섹.스'처럼 영문자, 숫자, 부호 등을 이용하거나, '병신'을 '병 신'으로 쓰는 등 띄어쓰기를 사용하거나, 'ㅅ ㅐ ㄲ ㅣ'처럼 한글의 자모를 해체하여 표기하는 등 다양한 대응 방법을 모색하기도 한다(이정복 2009, 박동근, 2012). 이러한 끊임없는 변신 과정으로 금칙어 '새끼'에 대해 '색끼', '색귀', '색키', '섹귀', '섹기' 등의 다양한 변이형이 나타나고, 이들이 다시 금칙어 목록에 포함되는 과정을 밟게 된다. 다시 말해 이미 금칙어로 지정된 형태에 변화를 준 다양한 변이형이 끊임없이 생성되면 그 일부가 다시 금칙어로 지정되는 방식으로, 금칙어를 생성하는 쪽과 지정하고 규제하는 쪽 사이의 끊임없는 숨바꼭질과 줄다리기가 계속 이어진다고 볼 수 있다.

## 인터넷 금칙어의 형성과 유형

전체 금칙어 가운데 가장 사용 빈도가 높은 것은 욕설이다. 이때 금칙어 시스템을 피하고자 하나의 형태를 여러 유형으로 변형한 것을 볼 수 있다. 금칙어의 형성과 유형에 있어서 형태 변이에 의한 금칙어와 형태 결합에 의한 금칙어를 구분하여 살펴볼 수 있다. 언어 유형론적인 시각의 연장선에서 조경하(2012)가 분류한 금칙어의 형성과 유형을 요약하여 정리하면 다음과 같다.

### 형태 변이에 의한 금칙어 형성

형태 변이형의 유형으로는 '교체', '탈락', '첨가'가 있다.

(1) 교체

① 자음 교체

자음은 같은 계열 내에서 조음 방법을 달리하는 방향으로 교체되거나, 같은 조음 위치의 다른 자음을 교체하는 경우가 많다. '씨팔'을 예로 들면, 1음절 초성 자음 'ㅆ'를 'ㅅ'으로 교체하거나 'ㄷ' 또는 'ㄸ' 등으로 교체한다. 2음절 초성 자음 'ㅍ'은 'ㅂ', 'ㅃ' 등으로 교체된다. '새끼'

의 'ㅅ'과 'ㄲ'도 각각 'ㅆ'과 'ㄱ', 'ㅋ'으로 교체하는 경우가 많다. 'ㅅ－ㅆ', 'ㅂ－ㅃ－ㅍ', 'ㄱ－ㄲ－ㅋ' 등의 대립은 국어의 장애음이 이루는 평음－경음－유기음의 삼지적 상관속으로 설명할 수 있다(마찰음 'ㅅ'만은 유기음이 존재하지 않아 삼지적 상관속을 이루지 않는다). 삼지적 상관속을 이루는 자음들은 조음 위치와 조음 방법상의 특징을 공유하되 후두 자질에서의 차이로 변별된다. 이들 사이의 교체는 어감의 차이를 가져온다. 'ㅅ'이 'ㄷ'으로 교체되는 것은 이들 두 음소의 조음 위치상의 유사성으로 설명할 수 있다. 조음 방법에 있어 'ㄷ'은 파열음이고 'ㅅ'은 마찰음이라는 차이가 있으나, 조음 위치를 기준으로 할 때는 같은 부류로 묶여 치조음으로 분류된다.

(예) 시팔, 띠팔, 씨발, 씨빨

② 모음 교체

모음의 경우 개구도를 한 단계 조정하거나 '원순－비원순' 또는 '전설－후설'의 대립을 이루는 모음으로 교체하는 경우가 대부분이다. '씨팔'의 'ㅣ'는 'ㅟ', 'ㅡ', 'ㅜ' 등과 교체하는 경우가 많고, 'ㅏ'는 'ㅓ', 'ㅔ', 'ㅑ' 등과 교체하는 경우가 많다. '새끼'의 'ㅣ'는 'ㅟ', 'ㅢ'로, 'ㅐ'는 'ㅔ', 'ㅙ', 'ㅞ', 'ㅚ', 'ㅟ' 등으로의 교체가 많이 나타난다.

(예) 쒸팔, 쓰팔, 쑤팔, 씨펄, 씨퍌, 쉬팔(자음과 모음을 모두 교체), 스발(자음과 모음을 모두 교체), 띄발(자음과 모음을 모두 교체), 쉬블(자음과 모음을 모두 교체)

(2) 탈락

원래 형식에서 음소를 탈락시켜 새로운 형태를 만드는 경우이다. 자음이 탈락할 때도 있고 모음이 탈락할 때도 있다. 자음이 탈락한 사례로 '씨팔'의 'ㄹ'이 탈락한 형태나 '미친년'의 'ㄴ'이 탈락한 형태가 만들어지기도 한다. 한편 '새대갈'은 대표형 '새대가리'의 네 번째 음절이 모음이 탈락한 후 제3음절과 제4음절이 축약된 것이다. 모음이 탈락한 사례로 '개새끼'에서 마지막 음절의 모음 'ㅣ'가 탈락하기도 한다. 모음이 있어야만 음절을 이룰 수 있으므로, 모음이 탈락하면 필연적으로 음절의 수가 줄어든다. 또한 'ㅆ발', '새ㄲ'와 같이 선행 음절의 종성 위치로 이동할 수 없는 제1음절의 모음이 탈락하거나, 모음 탈락 후에도 선행 음절의 종성 자리로 이동하지 않고 초성만 단독으로 남아 있을 때도 있다.

(예) 씨파, 띠파(교체와 탈락이 함께), 띠바(교체와 탈락이 함께), 미치논(교체와 탈락이 함께)

(3) 첨가

원래 형식에 없는 자음이나 모음을 첨가하는 경우이다. 예를 들어 '씨팖'과 같이 자음을 첨가하기도 하고, '씨이팔'과 같이 모음을 첨가하기도 한다. 또한 '병엉신' 혹은 '병엉쉰'과 같이 자음과 모음을 함께 첨가하기도 한다.

(예) 씨팗, 씻팔, 개색깅, 개생키, 개샛끼, 씨이이팔, 새애끼

(4) 기타 표기 방식에 변형이 일어나는 사례

표기 방식의 변형이란 원래 형식의 음운이나 형태에는 변화가 없이 단지 그것을 적는 차원에서 변형이 일어나는 것을 말한다. 이를 세부 유형으로 분류하면 다음과 같다.

① 연철 표기

원래 형식에 있는 받침을 후행 음절의 초성으로 표기하는 방식으로서, 예를 들어 '좆같은'은 연철 표기 형태로 많이 나타난다. (예) 좆가튼, 조가튼, 적가튼, 적꽈튼, 줒가튼, 좇가튼, 저까튼

② 분철 표기

연철 표기와 반대되는 방식의 변형으로서, 후행 음절의 초성을 그 앞 음절의 받침으로 표기하는 방식이다. '새끼'를 '색이'로 표기한다든지, '자지', '보지'를 각각 '잦이', '봊이'로 표기하는 등의 사례가 있다. '씨팔'의 변형형인 '씨발'을 '씹알'로 표기하는 예도 여기에 속한다.

③ 재음소화 표기

원래 형식에 유기음이 포함된 경우 유기음 'ㅋ', 'ㅌ', 'ㅍ', 'ㅊ'을 각각 'ㄱ+ㅎ', 'ㄷ+ㅎ', 'ㅂ+ㅎ', 'ㅈ+ㅎ'으로 나누어 표기하는 방식이다. 예를 들어 '새끼'의 변형형인 '새키'를 '색히'로 표기하는 것과 같다.

(예) 색휘, �히, 쌕히, 개색휘, 개색히

④ 음소 나열식 표기

음소를 음절 단위로 모아서 쓰지 않고 음소 단위로 펼쳐서 표기한다. 단어 전체를 음소 나열로 표기할 때도 있고 일부 음절만 나열하여 표기할 때도 있다. 이런 변형 방식은 '새끼', '사까시', '자지', '보지' 등과 같이 CV 음절 구조로 이루어진 단어에 주로 적용된다는 특징이 있다.

(예) ㅅㅐ끼, 새ㄱㄱㅣ, 새ㄲㅣ, ㅅㅏㄱㄱㅏㅅㅣ, ㅅㅏ까시

⑤ 초성 단독 표기 방식

각 음절의 초성으로 전체 음절을 대표하는 것이다. '씨팔'은 'ㅆㅍ'로, '새끼'를 'ㅅㄲ'로, '자지'를 'ㅈㅈ'으로, '보지'를 'ㅂㅈ'으로 '미친년'을 'ㅁㅊㄴ'으로 표기하는 예가 여기에 속한다. 이 방식은 원래 형태로의 복원이 쉽지 않아서 사용 빈도가 높고 인지도가 높은 금칙어에 주로 적용된다.

⑥ 띄어쓰기 방식의 변형

음절 사이를 띄어 써서 변형을 주는 것으로, 그 경우의 수가 무궁무진하며 논리적으로는 금칙어 목록에 있는 전체 금칙어 모두에서 나타날 수 있다.

(예) 새 끼, 새 끠, 미 췬 년, 미 췬년, 미친 뇬

⑦ 부가형 표기

문자의 중간 혹은 뒤에 의미 없는 기호를 부가하는 경우이다. 기호로는 자판에 있는 기호, 특수 문자, 숫자 등을 두루 사용한다.

(예) 자, 지, 자//지, 새;끼, 자지~, 새/끼

⑧ 형태나 음상이 비슷한 외국어 문자, 숫자, 혹은 특수 문자를 사용한 표기

'jaji', 'jazi', 'jazy', 'zazi', 'zazy'와 같이 로마자를 빌려 단어 전체를 음차 표기하거나 'ja지', '자g', '자ji'와 같이 일부 음절만 부분적으로 음차 표기를 하기도 한다. 모음 'ㅏ' 대신에 'r'을 사용하는 것은 형태의 유사성에 기반한 것이고, '사'라는 음절 표기에 숫자 '4'를 사용하거나 '씨'라는 음절 표시에 'c'를 이용하는 것은 음상의 유사성에 기반한 것이다. 특히 'ㅅH끼'와 같은 사례는 한글 모음 'ㅐ'를 대신해서 형태가 비슷한 알파벳 대문자 'H'를 사용한 표기라는 점에서, 오늘날 인터넷 언어에서 부분적으로 사용되는 야민정음野民正音*과도 연계해 볼 수 있다.

(예) ㅅH끼, 씨8, c팔, ^^ㅣ팔

**형태 결합에 의한 금칙어 형성**

형태 결합으로 금칙어를 형성하는 과정은 크게 어근과 어근을 결합

* '멍멍이'를 야민정음으로는 '댕댕이'라고 쓴다.

하여 합성어를 만드는 과정, 어근에 접사를 결합하여 파생어를 만드는 과정으로 분류할 수 있다. 그 외에 뒤따르는 명사 혹은 의존명사를 부정적인 의미를 지니는 어휘의 관형사형이 수식하는 형태도 있다. 이들은 표면적으로는 구의 구조 형태를 띠지만, 하나의 단어로 취급하여야 한다.

(1) 합성에 의해 만들어진 금칙어

(예) 개새끼, 개자식, 꼴통새끼, 돌아이, 등신새끼, 변태새끼

(2) 파생에 의해 만들어진 금칙어

(예) 젖탱이, 대갈탱, 대갈탱이, 바보탱이, 쌩몰카, 쌩포르노

(3) 관형사형 + 명사의 구조

(예) 미친년, 미친놈, 미친새끼, 개같은놈, 개같은새끼, 병신같은년, 상놈의새끼, 염병할년, 찢어죽일년, 쳐죽일놈

## 언어의 유형론적 특성을 활용한, 지속 가능한 인터넷 금칙어 선정 방안

한국어는 언어 유형론적으로 분류하면 교착어에 속한다. 이는 고립어인 중국어와 굴절어인 영어와 비교할 때 한국어가 지닌 독창적인 언어 특성이다. 한국어의 문장에는 여러 종류의 조사助詞가 있고, 동사와 형용사 어간에 결합하는 어미語尾가 다양하다. 더욱이 이 어미는 모두

문법적 기능을 지니고 있다. 나아가 형용사가 어미를 취하면서 동사와 거의 비슷하게 활용된다는 특징도 있다. 영어의 형용사가 be 동사의 도움이 없이는 서술어로 기능하지 못하며 시제도 나타낼 수 없다는 점을 생각할 때, 이는 한국어의 교착성을 잘 반영하는 특징이다(이익섭 외, 1997).

한국어는 교착어이기에 합성어와 파생어가 다양하고 많은 편이며, 형태론적으로도 접사와 어미가 첨가되면서 무궁무진한 변화가 나타날 수 있어 마치 트랜스포머 언어를 연상하게 한다. 인터넷 언어도 한국어의 이러한 특성을 그대로 반영한다. 앞에서 살펴본 바와 같이 금칙어도 트랜스포머처럼 빠르고 끊임없이, 자유자재로 변신하는 것이다. 나아가 금칙어는 한국어의 언어 유형론적 특징 외에도 인터넷 환경이 만들어낸 특징(두문자어頭文字語)과 한글의 시각적 특징(야민정음) 역시 내재하고 있다. 다시 말해 금칙어에는 금칙어 시스템을 피하기 위한 형태 변이와 형태 첨가에 의한 변형, 부분적인 언어 유희적 특징이 들어 있는 것이다.

따라서 인터넷 금칙어와 관련하여 대응하는 데 있어서, 교착어의 성격을 잘 파악하고 그 특징에 맞는 방안을 세울 필요가 있다. 새로운 금칙어가 만들어지는 방식은 발신자가 수신자에게 의미를 제대로 전달하기 위한 기본적인 의사소통의 구조 속에서 교착어의 특징에 맞게 최소한의 변형을 가지는 것이지, 전혀 색다르고 새로운 언어로의 변신은 아니기 때문이다.

## 디지털 공간과 인터넷 언어 그리고 언어 규범

인터넷 언어의 언어 문화적 특성은 양면의 칼로 간주할 수 있다. 즉 인터넷 언어에는 부정적인 측면과 긍정적인 측면이 모두 있다고 볼 수 있다. 인터넷 언어의 부정적 측면은 ① 어문 규범 파괴 ② 비속어와 욕설 남발 ③ 언어 문화의 일탈 ④ 세대 간 의사소통 단절 등으로 요약할 수 있다. '비속어와 욕설 남발'은 부분적이지만 금칙어를 선정하면서 최소한의 규제와 통제를 가하고 있다는 특징이 있다. 이와 비교해서 인터넷 언어의 긍정적인 측면은 ① 경제적인 언어 사용 ② 오락적 언어 유희 ③ 유대 강화와 상징 기호 사용 ④ 창조적 언어 사용 등으로 요약할 수 있다. 이정복(2009)은 같은 맥락에서 인터넷 언어를 '언어 파괴의 주범', '자유롭고 창조적인 언어 사용', '새로운 사회 방언의 등장'이라는 세 가지 차원에서 바라보기도 한다.

분명 인터넷 언어는 이미 존재하고 있는 맞춤법 등 어문 규범에서 어긋난 표현을 사용하는 경우가 많다. 그렇기에 그것이 기존의 언어 문화를 일탈 혹은 파괴하고 있다고 보는 관점을 취할 수 있다. 하지만 인터넷 언어의 오락성, 경제성, 상징성, 창조성 등은 나름의 언어 문화적 특성을 대변해 주기도 한다. 다시 말해 닫힌 언어 사용 양상을 창조적으로 파괴하면서 새로운 언어 문화를 만들어 가는 것으로도 볼 수 있다.

결국 인터넷 언어를 그들 나름의, 일종의 사회 방언으로 인정할 것인지, 아니면 절대로 그렇게 사용해서는 안 된다고 규제할 것인지의 문제로 나가게 된다. 실제로 이정복(2009)은 그들만의 새로운 언어를 한국어의 새로운 '지역 방언'이나 '공간적 변이어'로 볼 수 있다는 견해를 제시하기도 했다. 그럼에도 은어적인 집단 동질성만을 강조하다 보면 언어 파괴의 정도가 심해지고, 또래 집단을 벗어난 일상적인 의사소통에서 큰 장애가 생길 수 있다. 더욱이 일상적인 언어 생활에서도 인터넷 외계어와 귀신 말 혹은 도깨비 말이 만연하게 되면 양층 언어 현상도 나타날 수 있다.

인터넷 언어 폭력은 장소와 시간에 구애받지 않고 언제 어디서나 쉽게 접속할 수 있는 인터넷 공간에서 누구나 경험할 수 있는 문제이므로 그 심각성도 크다고 할 수 있다. 계속해서 인터넷 금칙어를 선정하는 방식으로 어느 정도 규제하고는 있지만, 금칙어 선정 목록에 교묘하게 포함되진 않아도 여전히 폭력적 요소를 담은 새로운 미래형 금칙어가 수도 없이 새롭게 생성된다는 문제가 있다. 이때 새롭게 생겨나는 미래형 금칙어는 대부분 한국어의 언어 유형론적 특징에 편승하여 무한한 형태론적 변형을 하고 있다는 점에 주목할 수 있다. 따라서 언어 유형론적 관점에서 한국어의 형태론적인 특징인 형태 변이(교체, 탈락, 첨가)와 형태 결합(합성어와 파생어) 등을 분석하여, 향후 변화 양상을 예측한 선제적이고 지속 가능한 금칙어의 선정 방안이 인터넷 언어 폭력을 규제하는 좀 더 효과적인 해결 방안이 될 수 있다.

05

# 디지털 학습, 교육의 생태계 변화

김혜영

이 장에서는 코로나19 사태 이후 교육의 변화와 그 이전부터 급격히 변화되던 서구 교육 혁신의 양상을 설명한다. 또한, 본격적인 디지털 시대로 접어든 우리 사회의 주역인 젊은 세대의 문해력(디지털 리터러시)과 학습 방식이 어떻게 변하였는지 소개한다. 그리고 이러한 변화가 포스트 팬데믹 시대의 교육에 어떠한 영향을 미칠 것인지 해외 사례와 더불어 예측해 본다. 마지막으로 거부할 수 없는 교육 트랜스포메이션을 맞이하고 있는 교육자와 학습자의 역량과 책무, 그리고 교육 정책의 올바른 방향에 대해 논의하고자 한다.

## 온라인 교육의 약진, 대학 교육의 혁신인가

코로나19로 인해 사회 전반이 커다란 타격을 입었다. 그중 가장 큰 난관을 겪은 분야 중 하나가 교육 분야일 것이다. 초등학교부터 대학까지 교문이 이렇게 장기간 닫힌 예는 없었다. 전 세계가 캠퍼스를 통제하고 모든 수업을 비대면 온라인 형태로 전환했을 때, 이러한 대변환이 기술적으로 순식간에 이뤄질 수 있었다는 사실, 또한 그것이 비교적 신속하게 안정화되었다는 사실은 필자에겐 놀라운 일이 아닐 수 없었다. '아니 100% 온라인 수업이 시행 가능하다구?' 어느덧 한해가 지나자 세계 미디어는 이제 다음과 같은 제목의 기사와 칼럼을 내보내기 시작했다.

"Covid-19 has changed education forever"
〈코로나19는 교육을 영원히 변화시켰다〉

"Can COVID-19 cure our education system?"
〈코로나19는 교육시스템을 치료할 수 있을까?〉

"Innovation and flexibility: How the pandemic has sparked a revolution"
〈혁신과 유연성: 어떻게 팬데믹은 혁신에 불을 지폈나〉

한마디로 코로나19 사태의 장기화가 교육 혁신을 가져왔다는 것이다. 이는 사실일까? 코로나19로부터 자유로워지는 세상에서도 과연 교육 혁신은 유효한 것일까? 이런 질문들에 본격적으로 답하기 위해 필자는 코로나19가 교육을 변화시켰다는 주장에 대하여 다음과 같이 위 제목들을 수정하고자 한다.

> "COVID-19 never transforms education, but it *speeds up* transformation of education in the era of digitalization"
>
> 〈코로나19는 교육을 변화시킨 것이 아니라, 디지털 시대의 교육 변환을 '가속화'했다〉

테크놀로지를 활용하여 우리 교육의 문제를 해결하고자 하는 것이 필자의 연구 분야이며, 그 학문적인 연구와 현장 적용을 돕는 노력으로 지난 20여 년을 보냈다. 그러나 테크놀로지는 빠르게 발전해 나가는 반면, 교육에의 적용을 통한 변화나 확산은 매우 더디어 심한 엇박자가 발생하기 일쑤였고, 그때마다 무력감을 느꼈다. 가장 근본적인 원인 중 하나는 바로 사람human factor이었다. 인간은 대개 새로운 것에 부정적이며, 현상 유지를 선호하고, 변화에 강력히 저항한다. 여기에 규정과 기존 체계 그리고 비용의 문제가 더해져 공교육에서의 교육 혁신은 마치 불가능한 일로 여겨졌다. 수십 년간 국내에서 이러닝 사업을 시도했던 수많은 IT 기업은 실패하고 사라졌다. 교육부가 학교로 하달한 ICT 활용 정책과 지침을 일선 현장은 잘 받아들이지 않았다. 솔직히 교육 참여자들이 받아들일 만한 매력적이고 합리적인 구체안이 없었던 것도 사실이다.

그런 가운데 우리 교육은 50년 전과 다를 바 없는 모습, 이른바 지식 전달식 강의인 'chalk and talk'에 머물러 있었다. 좀 심하게 말해서 칠판이 초록색에서 하얀색으로 바뀐 정도랄까? 학생 중심 수업, 개별화 수업, 프로젝트 수업, 협동 학습, 현장 중심 교육, 소통과 토론, 디지털 학습, 플립드 러닝flipped learning 등 화려한 말잔치뿐, 현장에서의 확산은 쉽사리 타오르지 않았으며 그저 모범 사례들이 회자되는 정도에 머물러 있었다.

대학도 전혀 다르지 않았다. 중등 교육과 다른 점이라면 e-class라는 이름으로 학습 운영 체계Learning mangaement system(LMS)를 사용하게 되었다는 점 정도이다. 게다가 LMS가 대학 내 본격 보급된 지 거의 20년이 되어 가지만 교수 대부분은 초창기와 다를 바 없이 강의 계획서 등의 공지, 과제 제출, 강의 자료 공유 등 소극적으로만 활용할 뿐, 테크놀로지가 교육 혁신에 기여한 부분은 미미하였다. 교육부의 대학 교육 혁신 사업에서 재정을 지원받은 대학이 이에 부합하기 위한 힘겨운 노력을 보이는 정도였고, 이조차도 지속 가능성을 담보하지 못하는 실정이다.

코로나19 사태 직전인 2019년 서울 소재 A대학을 보면, 우리나라의 온라인 교육의 현실을 엿볼 수 있다. 개설된 전체 강의 8,955개 가운데 온라인 수업은 48개로 0.53% 정도에 그쳤으며, 플립드 러닝처럼 전통 수업에 온라인을 접목하는 블렌디드 러닝 역시 1%를 넘지 못하였다. 실제로 2019년까지 전국 4년제 대학의 온라인 강좌 비율은 평균 전체 강좌의 1% 미만이었고, 이는 교육부가 사이버 대학과의 구분을 위하여 규정해 놓은 온라인 강의 비율 20% 이내와 무관한 결과였다.

그런데 2020년 예상치도 못했던 이유로, 1년 전 원격 강좌 비율 1%가 100%가 되는 기적적인 증가가 일어난 것이다. 기술적, 환경적 제약은 필자의 예상보다 훨씬 적었다. 교수들은 나이, 전공과 상관없이 온라인 강의를 제작해 냈다. A대학 역시 서버 증설, 소프트웨어 라이센스 비용 등 추가적인 기술 지원 비용의 부담이 늘어나고 초반에 기술적인 문제로 수업에 차질을 빚긴 했어도, 큰 어려움 없이 코로나19의 충격을 버텨내며 선방하였다. 다시 말하면 지금까지 온라인을 활용한 교육 혁신은 단지 선택하지 않은 것일 뿐, 여건은 잘 갖추어져 있었던 셈이다. 결국, 안 했던 거지 못한 게 아닌 거다.

그러면 왜 선택하지 않았던 것일까? 대부분의 대학은 전임 교원의 수업 비율을 높이고 강사 고용 등 비용을 줄이기 위해 온라인 수업을 확대하고자 했다. 이를 위해 각종 교수법 워크숍을 개최하고, 수업 연구 인센티브 같은 당근을 제시해 왔다. 사실 선택을 거부한 것은 바로 교수들이었다. 온라인 강의에 대한 교수들의 부정적인 선입견과 교수 학습 및 기술 지식의 부족, 변화에 대한 저항 등이 원인이었다(공식적인 조사를 하지는 않았지만 소위 인강(인터넷 강의) 세대인 대학생들의 저항은 그리 심하지 않았을 것으로 본다). 도대체 온라인 교육이 어떻게 교육 혁신이라는 말인가? 교육 혁신이 왜 꼭 테크놀로지를 사용해야 가능한가? 만나지도 않고, 반드시 온라인으로 학습을 해야 혁신이 이루어진다는 게 말이 되는가? 게다가 지난 2020년에 우리 모두가 경험하였듯이, 온라인은 얼마나 문제가 많은가? 이 글을 읽는 많은 교수가 이렇게 반문할 것이다.

이에 대한 답은 21세기 변화된 우리의 삶을 돌아보면 쉽게 얻을 수 있다. 이제 온라인 교육은 대다수에게 '더 익숙하고, 더 효율적이며, 심지어 더 효과적인 방식'으로 인식되기 때문이다. 물론 효과적이라는 대목에서는 여전히 동의하기 어려운 점이 많음을 인정한다. 필자는 10여 년 전인 2009년에 모 신문 칼럼에서 〈인터넷 강의, 이제는 달라져야 한다〉라는 글을 기고한 적이 있다. 그 내용은 이른바 인강으로 불리는 학원가의 주입식 동영상 강의 확산을 비판하는 것이었다. 테크놀로지의 활용은 학습자 중심의 상호 작용을 강화하는 등 바람직한 방향의 교육 혁신을 위한 것인데, 전통적인 강의를 그대로 온라인화함으로써 교육 방식이 도리어 후퇴하고 있다는 지적이었다. 여전히 부정적인 생각을 지닌 다수의 교육자는 온라인 교육을 단순히 동영상 강좌를 만들어 제공하는 '인강'과 동일시하는 게 아닐까 추측한다.

그렇다. 지금까지 그랬듯 낡은 교육 방식을 그대로 온라인 플랫폼 위에 얹어 놓는다면 4차 산업혁명 시대에 맞는 효과적인 교육 혁신에 이르렀다고는 절대 말할 수 없다. 인강식의 온라인 수업은 시공의 편의성을 제공하고 학생에게 맞는 시간과 속도로 지식을 전달해 준다는 점에서 교실 수업보다 더 선호될 수 있지만(다행히 이번 팬데믹으로 상당수의 교육자가 이 부분에 동의할 수 있게 되었다), 그보다 더 중요한 당면 문제인 낮은 집중도, 면대면 상호 작용의 부재, 기술적인 에러, 낮은 자율성으로 인한 성취도 저하 등 잃을 게 더 많은 결정일 수도 있다.

그럼에도 문제는 이제 온라인이냐 오프라인이냐 하는 논의에 있지 않다. 아쉽게도 이 선택에 있어 개인적인 신념이나 선호를 고려해 줄 시기는 이미 지났다고 본다. 왜냐하면, 세상은 이미 뼛속까지 디지털 생태계로 바뀌어 버렸기 때문이다. 온라인 공간을 통해 무제한의 디지털 정보와 교육 자료에 이미 접근할 수 있는 상태이고, 생태계의 인류는 온라인의 편함과 빠름, 개인화와 비정형화에 익숙해져 버렸다. 자기 방에서 온 세상을 누비며 원하는 것을 얻어 내고 배울 수 있다. 그러한 디지털 인류를 교실이라는 틀에 가둘 방법이 더는 없는 것이다. 아래 그림에서 보는 것처럼, 개인 학습자가 시도 때도 없고 돌발적인 학습 욕구를 충족하는 데 있어 가장 가까운 건 내 손 안의 스마트폰이요, 가장 멀리 있는 건 시공의 틀에 갇혀 있는 교수와 교사다. 즉 이 시대를 사는 교육 참여자는 온라인 교육에서 발생하는 문제점을 연구하고 개선해야 하지, 그 자체를 거부할 상황이 아닌 것이다.

이러한 디지털 생태계의 변화를 한발 앞서서 교육에 반영하고 있는

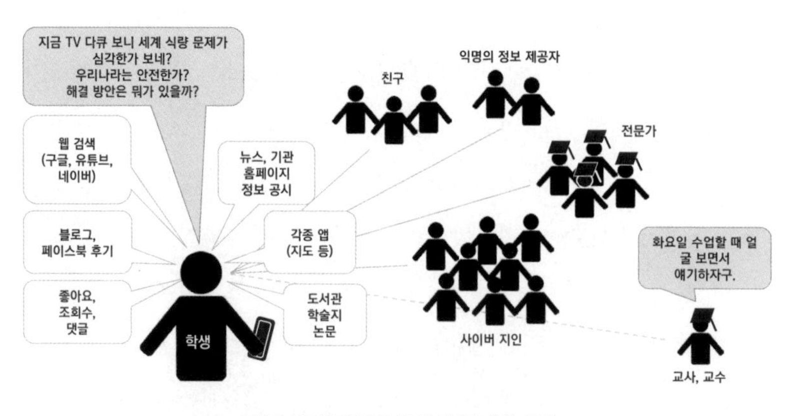


그림 1. 디지털 인류의 지식 습득과 학습 방식

미국의 현황을 간단하게 보기로 하자. 코로나19 이전까지 미국의 온라인 수업 현황은 앞서 소개한 우리의 상황과 크게 달랐다. Educatoindata.org의 통계 자료에 따르면, 2019년 기준 미국 대학의 교수진 46%가 온라인 수업을 개설했고, 이는 2016년 39%보다 증가한 수치였다. 이중 70%의 교수는 수업을 스스로 설계, 제작하였고, 41%는 이러한 원격 교육 기술을 사용한 지 5년이 되지 않았으며, 49%의 전임 교원은 이를 위한 교육 연수를 받은 적 있다고 하였다. Campus Technology의 또 다른 통계 자료를 보면, 2016년 기준 온라인 강의와 오프라인 활동 수업을 결합한 플립드 러닝을 현재 시행 중인 교수가 55%인 것으로 조사되었다.

이 정도의 수치라면, 한마디로 온라인 교육이 미국 대학 교육의 주류라고 보아도 무방할 것이다. 나아가 온라인 수업은 개발되었을 뿐만 아니라 적극적으로 교환되고 확산하는 중이다. 명문 대학을 중심으로 온라인 공개 강의가 대대적으로 유행하고 있다. MOOCMassive Open Online Course라는 이름은 이제 우리에게도 익숙하다. 코세라Coursera는 스탠퍼드 대학이 시작하여 190개 대학이 현재 협력 중인 가장 거대한 MOOC이며, 38,000개 강의가 무료 개설되어 정식 대학처럼 나노 학위나 인증서 발급 등 자격을 부여하기도 한다. 하버드 MIT 중심의 에드엑스edX, 초·중·고교에서 인기 있는 칸 아카데미Kahn Academy, 유료지만 다양한 최신 지식을 제공하는 유다시티Udacity, 유데미Udemy 등도 전 세계에 사용자를 보유하고 있다. 우리나라도 'K-MOOC'라는 이름으로 전국의 다양한 대학에서 오픈 강의를 무상으로 제공하기 시작하였고, 현재 약 1,000개의 강의가 개설 중이다. "내 강의를 신청하면 수업 시간에 빠짐없이 출석하고 성실하게 들어야 해"라고 주장하기 점점 어려워지는 세상이다.

미래 대학의 변화된 모습을 예측하게 하는 또 하나의 혁신 사례는, 이미 방송에서 여러 차례 소개된 바 있는 미네르바 스쿨Minerva School과 피플 대학University of the People이다. 미네르바 스쿨은 2012년 개교하여 10년도 되기 전에 하버드보다 입학하기 어렵다(입학율 2.5%)는 명성을 갖게 된 캠퍼스 없는 작은 대학이다. 캠퍼스가 없는 대신 해외 8개소에 기숙사Residence Hall를 보유하고 있으며, 재학생들은 주기적으로 온라인

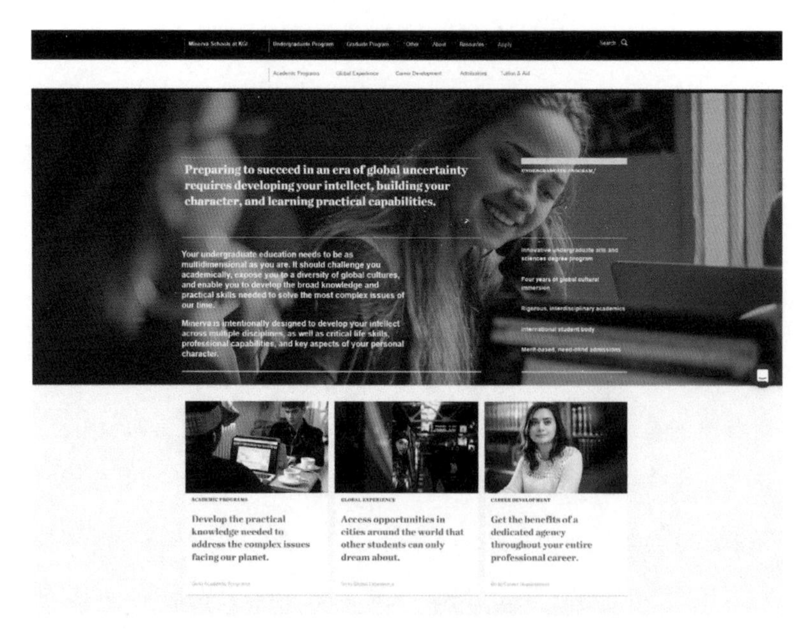


그림 2. 미네르바 스쿨 홈페이지. 불확실한 글로벌 시대를 성공적으로 준비하도록 커리큘럼을 운영하는 것이 목표임을 알 수 있다.

세미나와 심층 학습을 요구하는 과업으로 구성된 커리큘럼을 이수한다. 교수들은 직접 강의하기도 하지만, MOOC를 통한 공개 강의를 선택하여 수강하는 것을 권장하며, 주기적인 퀴즈 등으로 학생 개인의 성장을 기록한다. 프로젝트 중심, 캡스톤 디자인 기반 교육 과정으로서 전공을 스스로 설계하며, 해외 인턴십 등 현장에서의 경험 학습을 중시하고 있다.

피플 대학은 국제적인 규모의 비영리 원격 대학이다. 등록 재학생 3만 명 이상, 개설된 강좌도 2.2만여 개에 이른다. 강좌당 학생 수를 25명으로 조절하며, 학생 상호 간의 배움이 일어나는 교수 모델을 제시한다. 놀랍게도 교수와 학생 비율이 14:1로 일반 대학교 이상이며, 졸업까지 소요하는 시간은 평균 4.68년으로 온라인 대학임에도 휴학 등 학생들의 학업 중단이 적다는 점에 주목할 만하다.

선진국의 교육 변화와 새로운 형태의 대학을 보면서, 여전히 교육

그림 3. 피플 대학 홈페이지. 등록생과 강의 수 등의 통계 자료도 볼 수 있다.

참여자의 거부감이나 합의 도달에는 시간이 걸리겠지만, 우리나라의 고등 교육도 유사한 방향으로 가지 않을까 하는 예측이 가능하다. 또한, 코로나19라는 예측하지 못한 변수로 인해 그 변화가 몇 배 더 빠른 속도로 진행될 것이라는 합리적인 추정 또한 가능하다.

## 배우는 내용과 방법이 달라지고 있다

### 디지털 시대의 새로운 학습 키워드

단지 세상의 트렌드가 그렇다는 이유만으로 기존의 교육 가치를 저버릴 수는 없을 것이다. 그러나 환경은 교육, 학습의 가치도 변화시켰다. 변화된 새로운 디지털 교육 생태계의 속성을 설명할 키워드 몇 가지를 다음과 같이 꼽아볼 수 있다. 첫째, '모바일 러닝Mobile Learning' 혹은 '심리스 러닝Seemless Learning'이다. 즉 언제 어디서나 이루어지는, 시공의 개념이 없는 학습이다. 전통적인 교육 환경에서는 특정 시간과 장소에서 교육이 이루어졌지만, 이제는 참여자의 합의하에 혹은 개별 학습자에 의해 시간과 공간이 결정될 때가 많아졌다. 대학이라는 캠퍼스 공간과 건물의 비중이 앞으로 상당히 줄어들 수 있다는 예측이 가능하다.

둘째, '무형식 학습Informal Learning'이다. 지금까지의 학습은 주로 고정

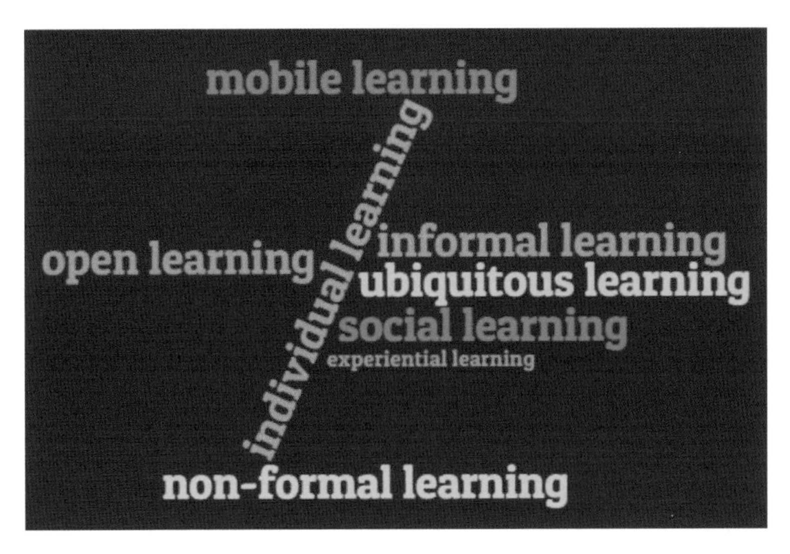


그림 4. 디지털 시대의 새로운 학습 키워드들

된 커리큘럼하에 모든 대학이 똑같은 학기제와 시기, 기간에 따랐고, 수업 방식 등도 공식적이고 일정한 형식을 갖추고 있었다. 그러나 이러한 학습 방식은 점차적으로 유연해지고, 다각화될 수 있다. 완전한 무형식이 아닌 합의된 원칙 안에서 다양한 형식 파괴를 시도하는 '비형식 교육Non-formal Education'을 이상적인 교육 모형으로 새롭게 제시하기도 한다. 미네르바 스쿨의 운영 방식을 이러한 비형식 교육의 예로 볼 수 있을 것이다.

셋째, '개별 학습Individual Learning'과 '사회적 학습Social Learning'이다. 21세기 디지털 사회에서 개인 혹은 개인화(최근에는 초개인화로 발전되었다)는 가장 자주 언급되는 특성이다. 학습에서도 마찬가지다. 개별 학습이라는 말에는 '내가 중심이 되는', '나를 위한', '나 스스로 주도하는'이라는 의미가 모두 포함되어 있다. 이는 학교나 교사 혹은 교육부에 의해 모든 것이 결정되는 전통적 교육 방식과 반대되는 개념이다. 한편, 사회적 학습이란 개인으로서의 내가 참여하는 사회적 커뮤니티에서의 상호 작용을 통한 학습을 말한다. 예를 들면 SNS 지인이나 사이버 공간에서 접촉한 전문가로부터 얻은 지식, 집단 지성Collective Intelligence을 이용한 학습 등이 예가 될 수 있다. 즉 내게 필요한 것이라면 굳이 이미 지정된 사람(교사, 교수)이나 고정된 규칙(커리큘럼)을 통해 학습해야 할 이유가 없어지는 것이다. 그 외에도 많지만, 공유 가능한 방식이나 자료를 통한 '개방 학습Open Learning', 교실 밖 현장에서의 체험을 중시하는 '경험 학습Experiential Learning' 등도 변화하는 교육의 특성으로 언급되는 키워드들이다.

## 변화된 지식의 개념

여전히 온라인 교육 혁신에 대해 회의적인 교육자들을 위해 변화된 디지털 학습 생태계에 관하여 본격적으로 이야기하려고 한다. 변화된 지식의 개념과 이 시대가 요구하는 학습 능력에 대해 생각해 보자. [표 1]은 전통적인 지식과 변화된 현재의 지식 속성을 비교하여 간단히 정리해 본 것이다. 우리가 지금까지 학교에서 배운 지식은 좌측에 해당한다. 과거의 지식은 사회의 식자층으로서 마땅히 알아야 할 내용으로서 다

표 1. 변화된 지식의 속성

| 과거 | 현재 |
| --- | --- |
| 관념적, 추상적 | 실용적, 구체적 |
| 심층적, 장편적 | 요약적, 단편적 |
| 집단적, 외적 | 개인적, 외적 |
| 시간과 무관 (고정적, 영구적) | 시의적 (한시적, 즉시성) |
| 중요성, 의무, 원칙 지향 | 흥미, 요구, 기호 지향 |

수의 사람이 보편적으로 옳고 중요하다고 인정하는 불변의 사실이었고, 이를 전수하는 사람은 지식이 풍부한 소수의 권위 있는 전문가였다(조선 시대에는 훈장, 수년 전까지는 박사님으로 분류되는 집단). 이 심층적이고 관념적인 지식은 세부 분야별로 볼 때 수백 권의 도서에 담기는 정도의 분량이었다.

그런데 오늘날 지식은 완전히 달라졌다. 과거의 형이상학적 지식뿐만 아니라 실증적이고 단편적인, 신속하게 추가되고 업데이트되는 정보성 지식이 무한대로 생성되고 있다. 분야를 최대한 좁히더라도 해당 지식을 모두 머리에 담을 수도 없고, 그럴 필요도 없다. 이 지식은 배타적이지 않고 개방적이어서 대개는 전문가와 동등한 접근성을 지닌다. 개인의 내적 흥미나 필요에 따라 선택적으로 습득하는 것으로서, 중요성과 책무성을 강요하기 힘들다. 즉 정보화 사회에서의 지식은 과거처럼 머릿속에 암기하여 꺼내 쓰는 유한하고 고정된 것이 아니라 매우 동적이며 방대하다. 스스로 검색하여 구성하고 내재화할 수 있는, 개인적이고 평등한 것이 되었다. 이러한 지식을 잘 수집하고 설득력 있게 구성하여 전달하는 능력을 갖추는 사람이 바로 지식 정보 사회의 전문가이자 파워 인플루언서Power Influencer가 되는 셈이다.

## 톡 하기, 보기, 찍기… 언어 활동의 변화

지식의 매개체는 바로 언어이다. 우리는 상당히 급격한 언어 생활의 변화 또한 맞이하고 있다. 지난 한 세기 동안 언어는 말하기, 듣기, 읽기, 쓰기 기술로 분리되어 그 기능이 이해되었다. 그러나 디지털화된 사회에서는 이러한 전통적 언어 기능의 경계가 사라지고, 변형·결합되고 있다. 말하기를 생각해 보자. 코로나19가 창궐했던 시기는 물론이고, 입을 열어 대화하는 일Oral Communication은 현저히 줄어들고 있다. 그 자리는 불과 십수 년 전에는 존재하지조차 않았던, 손으로 하는 동시적, 비동시적 글 대화Synchronous/Asynchronous Written Communication, 이른바 '톡 하기'로 익숙하게 대체되었다. 듣기 역시 라디오나 대면 대화와 같이 소리를 단독으로 듣는 일이 줄고 영상 등을 '보면서 듣는' 형태가 일반적이며, 면대면의 실제 음성보다는 디지털화된 음성 파일이나 합성된 기계 소리(e.g. "문의하신 번호는…")를 듣는 경우가 대부분이다.

읽기는 이보다 더 심각하다. 텍스트를 읽는 양이 현저히 줄어들고, 점점 이미지나 영상으로 메시지를 받아들일 때가 많아지고 있다. 싱글 모드인 '글Text 읽기' 대신 멀티 모드의 '보기'로 변화하고 있다. 책보다는 영상을, 문서보다는 프레젠테이션 슬라이드를 보는 것에 익숙하다.

전통적 쓰기 기술은 이제 박물관에서나 보게 될 날이 머지않은 듯 무척 이나 빠른 속도로 사라져 가고 있다. 편지, 노트 필기, 보고서 작성 등은 모두 자판으로 해결하고, 또한 그나마도 PC 기반 키보드 타이핑은 스마트폰 기반의 '찍기'로 바뀌어 가고 있다. 글도 비정형의 블로깅에서 더욱 짧아진 마이크로 블로깅Micro Blogging으로 빠르게 변화해 간다. 현대인의 쓰기는 이른바 '찍기'이다. 스마트폰의 키보드를 찍는 것이 현재 성인의 쓰기 활동의 90% 이상을 차지한다. 글 안에는 이미지와 기호, 하이퍼링크, 동영상이 혼재되어 있으며, SNS 정보 전달의 대부분은 링크와 퍼 올리기, 이른바 Ctrl+C, Ctrl+V와 병행된다. 사실 이 단원을 집필하면서도, 텍스트만 가득한 이 긴 글을 과연 인내하며 읽을 독자가 얼마나 될지 두려워지는 게 현실이다.

### 디지털 리터러시

지금까지 디지털 생태계가 가져온 교육 변환Education Transformation에 있어 또 하나의 중요한 개념이 바로 디지털 리터러시Digital Literacy다. 디지털 리터러시를 디지털 기술을 다루는 능력, 혹은 관련 지식쯤으로 이해하기도 하지만, 이는 훨씬 더 광범위한 학습 능력으로 보아야 한다. 디지털 리터러시는 21세기 디지털 사회에서 확장되고 진화된 개념의 문해력Literacy이다. 지난 수백 년간 리터러시는 문자를 읽고 쓰는 능력을 일컫는 말이었다. 인류 문화사의 가장 위대한 발명품인 금속 활자는 문해력을 이끌었던 중심 기술이다. 독서와 작문은 지식인의 원천이요, 한 국가를 이끄는 힘이었으며, 선진국들은 이러한 리터러시 교육에 많은 투자와 힘을 쏟아 왔다. 역사적으로 달변의 웅변가보다 더 큰 영향력을 발휘하는 자는 탁월한 문장가였음을 우리는 알고 있다. 말은 내뱉으면 돌이킬 수 없지만, 글은 다듬을 수 있어서였을까? 돌이켜 보건대 단지 기술적인 이유에서 그랬을 수도 있다. 텍스트는 활자로 기록하여 많은 사람이 오랫동안 간직할 수 있지만, 보이스는 듣고는 영구히 보관하거나 확산할 수 없어 기억에서 사라져 버렸기 때문이었을 가능성이 크다.

오히려 지금은 반대가 되어 가는 것 같다. 이제 글보다 더 쉽게 기록을 남기는 방식은 음성이 아닐까. 불과 수년 전까지만 해도 급하면 수첩을 꺼내서 메모하던 사람조차, 요즘은 핸드폰 녹음기를 켜서 녹음하거나 사진 혹은 동영상을 찍어 보관한다. 학술 대회장, 수업 시간에 노트를 펴놓고 필기하는 사람은 점차 사라지고 있으며, 연신 카메라 클릭 소리가 공간을 덮는다. 현대의 문해력은 디지털 환경에서 일상의 과업을 효과적으로 수행할 수 있는 능력이다. 이 과업의 상당 부분은 학습 능력에 해당한다. 한마디로 디지털 리터러시는 곧 현대 사회의 학습 능력이라고 볼 수 있는 것이다.

디지털 리터러시가 정확히 무엇인지, 왜 이것이 학습 능력인지 과거와 현재를 비교하면서 설명해 보자. 과거 문해력의 읽기Reading Skill는 디지털 리터러시에 있어 '테크놀로지를 이용하여 다양한 소스와 포맷의 새로운 정보를 검색하고, 이해하고, 평가하고, 습득하는 능력(혹은 기술)'

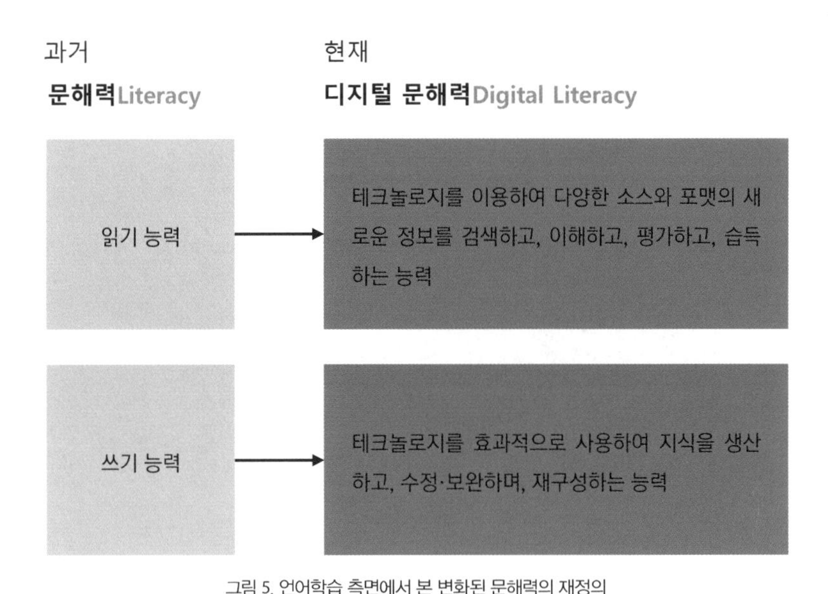


그림 5. 언어학습 측면에서 본 변화된 문해력의 재정의

에 해당하고, 쓰기Writing Skills는 '테크놀로지를 효과적으로 사용하여 지식을 생산하고, 수정·보완하며, 재구성하는 능력'이라고 말할 수 있다.

이를 언어 학습적 측면에서 좀 더 구체적인 기술로 도식화해 보면, [그림 6]와 같이 '디지털 읽기 기술', '인터넷 검색 기술', '온라인 커뮤니케이션 기술', '콘텐츠 생산 기술', '지식 구성 및 공유 기술'이라는 다섯 가지 영역으로 분류할 수 있다.

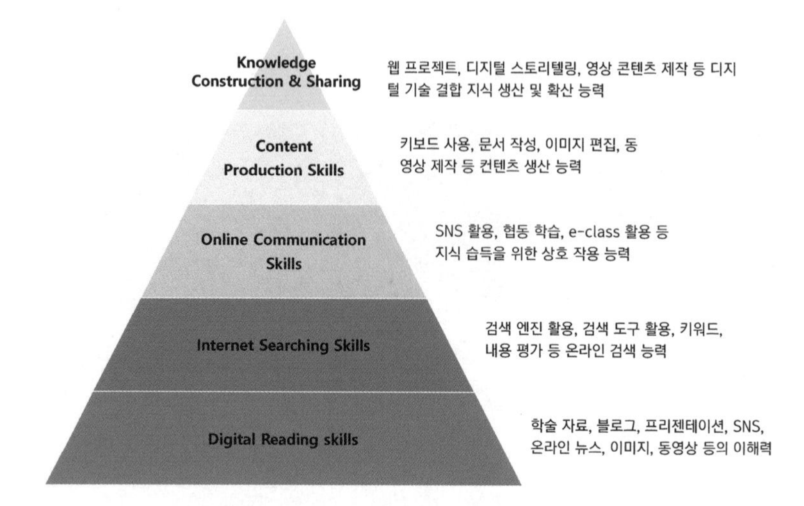


그림 6. 언어 학습 측면에서의 디지털 리터러시의 다섯 가지 영역

미국의 디지털 리터러시 교육을 안내하는 digitalliteracy.us의 홈페이지를 보면, 디지털 리터러시를 21세기 문해력으로 정의하면서 그 구성 요인을 규정하고 이에 대한 교육 지침을 마련하고 있다. 이들이 규정하는 디지털 기술의 활용 능력에는 창의력, 비판적 사고력, 시대 문화의 이해, 협업 능력, 리서치 능력, 의사소통 능력, 사이버 윤리, 테크놀로지를 다루는 기술까지 여덟 가지가 있으며, 이는 학습 역량의 하위 세부 역량으로서 우리나라 2015년 개정 교육 과정에서 말하는 역량 교육과도 유사하다. 따라서 역량 교육 내에 ICT 교육을 연계시키는 방안을 고려해 볼 직하다.

Our message:

Thank you for visiting US Digital Literacy. Digital Literacy is important in education, the work force and generally for every internet user. While this site focuses on the educational side of Digital Literacy, it also provides many resources in an all in one website to help you tap into the exponential amount of resources available via the internet. At the bottom of each page you will find a slider of corresponding links to our favorite sites categorized by each page. We put our favorite top 20 sites at the bottom of this HOME page, so scroll through them at the bottom to bookmark your favorites too! Most of all, you should know that this website is a work in progress. We are adding to and modifying it every day. If you would like to subscribe for free to our blog posts and updates click this link now. Thanks again for supporting this site by sharing it with your friends!

| Using digital technology and new media includes: | Within these defined areas here are just a few examples: |
|---:|---|
| Creativity | • Artistic, photographic and film making skills, music production, animation – turning hobbies and interests into useful and career enhancing job skills. |
| Critical Thinking and Evaluation skills | • Research, judging the validity of search results and websites. |
| Integrating learning into technology culture and taking advantage of popular trends | • Webinars, social media, video revision guides, school charity, 'Harlem Shake' videos. |
| Collaborative learning and web 2.0 | • Displaying work online, e-learning, extranets, edmodo. |
| Technology to facilitate research | • Raspberry pi programming, digital weather stations. |
| Communicating effectively and safely | • Social media case law, word-processing, layout, print, risk assessment, digital AV use. |
| E-Safety | • Cyber bullying, child protection. |
| Functional skills | • ICT qualifications and skills for careers, ability to use ICT in job interviews and in the workplace. |

그림 7. digitalliteracy.us가 정의하는 디지털 리터러시의 구성 요소

## 학교 혁신의 시작은 온라인 교육의 도입으로부터

이렇게 변화하는 디지털 트랜스포메이션에서 교육을 담당하는 학교들은 어떻게 변화하여야 할까? 4차 산업혁명 시대로 들어온 우리의 미래 사회를 예측하기는 쉽지 않다. 교육도 마찬가지일 것이다. 그러나 사교육이나 기업 교육과 달리, 공교육의 변화는 사회의 변화와 더불어 저절로 이루어지지 않는다. 학교 교육의 미래는 예측하는 것이 아니라 희망 목표나 추진 방향을 정하고 만들어 가야만 한다.

과거 50년간 그랬던 것처럼 미래의 50년도 'chalk and talk'에 머무를지 모른다. 의무 공교육은 시장의 원리나 수요자의 요구에 따르지 않으며, 국가의 교육법과 규정, 국가 교육 과정과 교과서, 학교장 그리고 교사의 철학에 의한 의사 결정이 하향식Top-down으로 이루어지고, 학습의 주체인 학생의 개별 요구는 반영되지 못하는 구조다. 디지털 사회의 새로운 학습 개념과는 정반대의 모습인 것이다. 그러나 인구는 감소하고 학습자의 개인적인 요구가 반영되는 디지털 교육 환경이 갖추어져 가는 시점에서, 변화된 학습 패러다임에 관한 근본적인 논의가 필요하다. 학교에서는 이 시대에 필요한 어떤 역량을 어떻게 기를 것인가? 핸드폰 안에서 30초 내에 검색되는 지식을 가르치고 암기하고 평가하는 교육을 지속할 것인가? 수업 시간에 모인 학습자들은 앞쪽을 모두 바라보며 조용히 앉아 강의를 들어야 하는가? 교실은 무엇을 목적으로 하는 공간이

어야 하는가?

코로나19 사태 속에서 학교 교육을 겪으며 우리가 알게 된 한 가지는, 강의를 굳이 교실에서 할 이유가 없다는 것이다. 교수로서 솔직히 고백을 하나 하자면, 동영상 수업을 찍으려 하니 다년간 고쳐가면서 사용하던 수업용 프레젠테이션 자료가 너무나 엉성하고 부실하였음을 깨달았다. 동영상 강의는 수업보다 훨씬 더 짜임새 있고, 정확하고, 군더더기가 없어야 함을 알게 되었다. 이렇게 만들어진 강의 영상으로 공부하는 학생들이 수업을 훨씬 더 잘 이해할 거란 생각도 들었다.

전 지역에서 어렵게 시간 들여 모인 청년들에게 굳이 아무 때나 들을 수 있는 강의를 잠자코 앉아 들으라고 하는 것은 이제 설득력이 없다. 오프라인 수업에서는 모두가 상호 작용하며 질문을 던지고 답해야 한다. 함께 브레인스토밍하고, 발표와 수행, 게임과 활동, 체험과 실습을 진행하는 등 온라인과 차별되는 동적인 교류의 시간이 되어야 한다. 좀 더 편안하고 기분 좋게 창의력과 아이디어를 발산할 수 있는 공간이 되면 더욱 좋을 것이다. 이러한 미래 교육을 연구하는 MIT Media Lab에서는 다양하고 혁신적인 교육 방식을 실제 건물 내에 구현하면서, 이를 연구자 스스로 체험하며 연구하고 있다. 이들 사례를 살펴보는 것도 여러 가지 영감을 받을 수 있어 추천한다.

이러한 맥락에서 주목해 볼 만한 공교육의 정책 변화는 고교 학점제와 교과 선택제이다. 필자는 이 제도가 상당히 파격적인 교육 혁신의 단초를 제공한다고 생각한다. 현재는 학생에게 대학처럼 일부 교과목의

그림 8. 매사추세츠 공과 대학 연구소인 MIT Media Lab의 다양한 연구 그룹 활동

선택권을 주는 제도이지만, 만일 공교육에서 온라인 교육의 결합 방안을 계속 인정한다면, 시도 교육청별 디지털 플랫폼을 통해 좀 더 개방된 형태의 선택 수업으로 발전해 나갈 수 있다. 다양한 학교 간 과목 공유도 가능하고, 매력적이고 참신한 수요자 중심의 과목도 개발해 볼 수 있다. 또 한 가지는 지난 2019년 12월에 발표된 AI 소프트웨어 의무 교육 정책이다. 전 국민의 AI 리터러시를 높이고자 사범대, 교육 대학원에 AI 필수 과목과 전공을 개설하고, 초·중·고교에서 체계적인 AI 교육을 시행하겠다는 내용이다. 사범대 출신 모든 교과 과목 교사의 디지털 리터러시를 향상할 수 있는 방향으로 수업 내용과 교수법을 변화시킨다면, 가시적인 교육 혁신을 이룰 수 있지 않을까 기대한다.

그러나 이 모든 변화를 가능하게 하려면 현재의 대학 수학 능력 시험(수능) 중심의 교육 체제, 지필 고사 중심의 내신 제도를 과감하게 폐지하거나 대폭 축소해야 할 것이다. 현대 사회에 맞는 지식 습득과 학습 역량을 키우고 평가해야 하는 상황에서 낡은 지식 개념을 바탕으로 암기량과 이해도를 테스트하는 평가 제도에 계속 발이 묶인다면, 4차 산업혁명 시대와 디지털 생태계에서 생존을 위협받는 학교 교육이 설 땅은 사라질 것이다.

초·중·고 공교육과 달리 대학 교육은 혁신적인 변화의 시도가 비교적 자유롭고 열려 있다. 게다가 대학은 글로벌 환경에서 치열한 생존 경쟁을 하고 있어, 교육부 등 이해 관계자들로부터 혁신의 압력을 받고 있다. 희망적인 것은 포스트 코로나 1년 동안 좌충우돌하며 집중적인 디지털 교수법을 몸소 체험한 교수들이 (최소 30% 이상은) 각자의 전공에 맞는 다양한 온라인 수업을 지속적으로 진행할 것으로 보인다는 점이다. 학부 교육에서 선호되는 비실시간 동영상 강의의 비율도 2019년 1%에서 교육부 규정 최대치인 20%에 근접하게 증가할 것으로 예측되며, 또한 그중 상당수의 동영상은 MOOC 형태로 자발적인 개방이 이루어질 것으로 보인다. 대학의 온라인 교육 확산은 비용 절감, 전임 교원 강의율 증가 등 학교의 환영과 격려를 받고 활성화될 가능성이 크다. 한마디로 절호의 기회가 온 것이다. 지금까지 가장 큰 장애 요인이었던, 참여자 저항으로 인한 혁신의 완만한 상승 곡선은 이번 코로나19 사태로 인해 문지방Threshold를 뛰어넘어 가파르게 올라갈 것으로 예상된다.

비실시간 동영상 강의 외에도 실시간 컨퍼런싱, 비실시간 온라인 토론과 상담, SNS 결합형, 블렌디드 러닝(Hybrid), 플립 러닝 등 다양한 수업 유형을 전통 수업과 접목할 수 있다. 소수지만 교수를 대상으로 한 비공식 설문 조사를 통해, 대학원 수업에서 실시간 컨퍼런싱이 오프라인 이상의 효과가 있다는 경험이 보고된 바 있다. 각종 학회에서 코로

그림 9. 혁신 교육을 위한 새로운 교육 공간의 사례들

나19 수업 관련 성공 사례를 나누며 새로운 교수법을 제안하기도 한다. 수업 유형, 온라인 수업과의 결합 방식은 교수학습센터의 교육 연수와 교수 간 경험의 공유, 개인적인 경험 등을 토대로 점점 더 효과적인 방안을 스스로 찾아가야 할 것이다.

만일 이러한 수업의 다양성이 보장된다면, 이를 통해 트렌드에 맞는 다양한 교육 혁신이 가능해진다. 첫째는 유연 학기 제도의 도입이다. 현재 15~16주로 묶여 있는 대학교의 학기제를 좀 더 자유롭게 운영할 수 있다. 예를 들어 4~8주간 온라인 집중 강의를 이수하고, 남는 기간에는 인턴십, 현장 실습, 진로 탐색, 프로젝트 등의 학생 중심 경험 학습을 진행할 수 있다. 교수 역시 강의식 교육 외에 다양한 경험을 제공하는 수업을 할 수 있고, 자신의 연구 수행을 위한 추가적인 시간을 확보할 수 있을 뿐만 아니라, 학생에 대한 개별 피드백 등 질 높은 상호 작용에 시간을 투자할 수 있다.

둘째로 MOOC와 같은 개방 강의 오픈 플랫폼을 통한 학교 간, 전공 간 교차 수강의 활성화이다. 이는 다수 전공, 융합 전공 등을 활성화할 여건이 부족한 대학들에 좋으며, 대학에서 수학하는 동안 학생에게 최대한의 학습 선택권을 보장할 수 있다. 대학 서열화 문제를 어느 정도 해소하는 역할도 할 수 있다면 더할 나위 없을 것이다.

마지막으로 가장 중요한 것은 오프라인 수업의 혁신적인 변화이다. 그토록 온라인 수업을 강조했던 이유는 오프라인 수업에서 지금까지 시간 부족 등을 이유로 하지 못했던 학습 활동에 대한 기대 때문이다. 강의가 없는 교실 공간에서 고정된 책상과 의자, 칠판을 없애고, 이를 좀 더 자유롭고 기분 좋게 토론과 협동 활동을 할 수 있는 카페 혹은 도서관과 같은 새로운 공간으로 개선해 나갈 수 있다. 교실에 모이고 싶은 학습 동기를 부여하고, 편안한 가운데 아이디어를 내며 자유롭게 토론하고 질문을 교환할 수 있다면 좋을 것이다. 교수는 조력자이자 상담자로서 꼭 필요한 역할을 수행하며, 프로젝트 학습 중 필요한 자료는 테이블에 부착된 테블릿 PC 등을 활용해서 검색하고, 함께 발표 자료를 만들 수도 있다. 전통 강의실보다는 이처럼 학생들이 팀 프로젝트, 아이디어 회의, 캡스톤 디자인 등 창의적인 실습 활동을 할 수 있는 공간이 더 많이 마련되어야 할 것이다

## 결국 기술보다는 사람이다: 미래 교육을 위한 학습자, 교육자의 권리와 책임

지금까지 미래 교육의 플랫폼에 대한 장밋빛 청사진을 제시했지만,

사실 혁신은 결국 사람이 변해야만 가능하다. 사람은 꼰대인데 옷만 힙하게 입고 청년 행세를 해도 안 먹히는 것과 마찬가지다.

먼저 학습자의 변화에 대하여 말하고 싶다. 이 시대에 맞는 학습자는 유아기부터 가정과 돌봄 교육 기관에서 준비되어야 한다. 우리나라 학생들은 어려서부터 학원 등 주입식 교육과 반복 암기 학습 등을 거듭하면서 자율성, 창의성, 비판적 사고 등의 발달을 차단당하고, 수동적이고 의존적인 학습 성향을 보이는 경향이 있다. 일례로 코로나19로 인한 온라인 교육이 실시된 후 치러진 고교 내신 시험의 성적 분포를 보면, 중위권이 확연히 줄고 최상위 학습자와 하위 학습자로 양분되는 경향을 보인다. 학습 주도성이 있는 최상위 학생은 코로나19 때 가정 학습이 잘 이루어졌지만, 학원이나 학교에 의존하던 다수의 수동적인 학생은 통제·관리 체계가 사라지자 학업 성취에 실패한 것이다. 개인의 학습 역량과 자율성을 기본으로 하는 미래의 온라인 교육에서 성공적인 학습자가 지녀야 할 기본 역량과 책무가 무엇인지를 보여주는 대목이다.

최우선으로, 4차 산업혁명 시대의 학습자는 학습 주도성을 지녀야 한다. 성공적인 학습은 자신에게 달렸다는 책임 의식, 변화하는 세상에 대한 능동적인 자세를 가지도록 어려서부터 지도해야 한다. 어릴 적부터 부모나 선생님이 앞서가며 학습자에게 무조건 잘 차려서 떠먹여 주는Spoon-feeding 교육에서 벗어나, 스스로 탐색하고 실패하며 문제를 해결하는 과정을 반복함으로써 체질을 키워야 한다. 이는 가정과 학교가 모두 협력하여야 가능하다. 부모들이여, 당장 학원을 끊고 어린 자녀를 방임하라. 학습 주도성은 자신이 무엇을 좋아하는지 진정으로 깨달을 때, 자신을 진단하여 잘 맞는 학습법을 찾아갈 때, 성공적인 학습을 위한 목표와 계획을 스스로 세워갈 때 생긴다. 행여 뒤처질까, 잘못할까 두려워 모든 것을 대신해 주려는 부모는 자녀를 미래의 리더로 성장시킬 수 없다.

다음으로 디지털 세대의 학습자는 바른 윤리 의식과 안전 의식을 가져야 한다. 사이버상의 언어와 행동이 현실과 다르지 않아야 하며, 타인에게 정신적 피해를 주지 않는 예절 교육이 아동기에서부터 이루어져야 한다. 존중해야 할 타인에는 교사도 반드시 포함됨은 물론이다. 이것은 비단 에티켓 차원에 그치지 않고, 법적인 책임이 뒤따른다는 사실에 대해서도 정확히 인식할 필요가 있다. 또한, 학교나 가정과 같은 안전망, 울타리가 없는 사이버 공간의 위험성을 주지하고, 사이버 폭력이나 금품 탈취 및 사기 보이스피싱 등에 노출되지 않도록 안전 교육을 받고 실천할 의무가 있다.

미래 사회에 학습자가 누려야 할 학습권은 물론 뉴 리터러시 교육이다. 이 사회에서 자유롭고 인격적으로 지혜롭게 살아갈 수 있으려면 새로운 리터러시 교육을 국가에서 의무화할 필요가 있다. 디지털 리터러시 격차는 앞으로 영어 격차English Divide나 부의 격차보다 더 큰 사회적 불평등을 초래할 것이다. 앞서 설명한 바, 디지털 리터러시 교육에는 테크놀로지 활용 능력만이 아니라, 창의력, 비판적 사고, 협업 능력, 연구 능력, 의사소통 능력 등이 포함된다. 이는 또한 단순히 컴퓨터 과목을 수강하거나 한 학기 코딩 교육을 받아서 해결되는 지식이 아니라는 점을 교육 행정가들은 명심해야 할 것이다.

교육 혁신의 대들보가 되어야 할 교육자(교사, 교수)의 생각과 행동의 변화를 이끌어 낼 방안은 무엇일까? 디지털 교육 생태계로의 대 변환기에 놓인 교육자의 최우선 권리는 학생들과 마찬가지로 뉴 리터러시 학습권이다. 교육자는 자신에게 필요한 디지털 리터러시 교육을 받을 권리가 있으며, 자신의 신념에 근거하여 수업 내용과 수업 방식을 스스로 선택할 결정권이 있다. 신념이 변화하려면 테크놀로지가 당면한 현안을 해결해 주어야 하고, 시행이 지나치게 어렵지 않아야 하며, 구체적인 방법론에서 도움을 받을 수 있어야 한다. 교사 저항은 주로 모르는 것에 대한 선입관과 불안감에서 기인한다. 선입관과 불안감이 해소되지 않은 상태에서 교육자의 마음이 움직일 리 없다. 국가에서 결정하고 일선 학교에서 규정을 내려보내는 식으로는 달라지지 않는다. 교수학습센터장이 아무리 새로 구매한 e-class 플랫폼을 사용하라고 해도, 교장이 수업에 플립 러닝을 접목하라고 해도, 억지로 시늉만 낼 뿐 자발적인 지속성이 없다.

교육 혁신에 있어 교사 저항이 일어나는 또 하나의 이유는 설득과 합의 없는 강요에 있다. 민주적 의사 결정에 취약한 우리나라는 지성의 전당이라는 대학교에서조차 설득이나 합의로 공감대를 형성하기보다 규제나 보상으로만 성과를 내려고 한다. 물론 열심히 연수의 기회를 주고, 적극적으로 홍보하고, 성공 사례를 들어 설득하는 등 공감과 합의를 끌어내는 일은 시간과 노고가 많이 든다. 하지만 이는 혁신에 있어서 필수 불가결하며, 혁신을 이끌 만한 자격을 갖춘 리더의 몫이다. 이런 관점에서 교육 혁신을 담당해야 할 기관들은 지금까지 혁신을 이루어 낼 인적 소프트웨어 교육은 간과한 채 하드웨어 기술에 투자하는 데만 몰두하면서 기술 자체가 변화를 가져다 줄 것으로 기대하였다. 이는 혁신의 플랫폼을 작동시킬 교육 참여자의 권리를 존중하지 못한 처사로, 혁신이 실패하는 주요한 원인이었다.

팬데믹 이후 바람직한 교육 혁신이 정착하기 위해서는 교육자의 책임이 막중하다. 우선 교육자는 기존의 틀을 벗어 버리고 세상과 교육 패러다임의 변화를 이해하며 받아들여야 한다. 단지 매끄러운 강의 스킬과 영상 편집 기술로 지식을 최대한 잘 전달하는 것이 최선의 수업이라는 낡은 생각을 버려야 한다. 교수 역시 자기 지식의 양과 전문성의 깊이를 자랑하고 전수해 주는 것이 좋은 강의라는 고정 관념에서 벗어나야 한다. 앞으로 미래 사회를 이끌 젊은 세대를 위해서 우리가 길러 주어야 할 것은 변화무쌍하고 불확실한 시대에 자신의 분야를 스스로 개척하며 전문성을 기를 수 있는 평생 학습 역량이며, 이를 위해서는 변화된 교사의 역할과 방법론을 수용하려는 자세와 노력이 필요하다.

## 그림과 표의 출처

**그림 2.** 미네르바 스쿨 홈페이지 메인 화면 (2021.04.07.)

https://www.minerva.kgi.edu/

**그림 3.** 피플 대학 홈페이지 메인 화면 (2021.04.07.)

https://www.uopeople.edu/

**그림 7.** digitalliteracy.us 홈페이지 메인 화면 (2021.04.07.)

digitalliteracy.us

**그림 8.** (왼) MIT News, 2010.03.05.

(중간, 오른) Leers Weinzapfel Associates의 MIT Media Lab 사진 (2021.04.05.)

https://www.lwa-architects.com/project/mit-media-lab/

**그림 9.** (왼) 세계로컬타임즈, 2020.07.06.

(중간) MooreCo Inc.의 학습 공간 디자인 사례 (2021.04.05.)

https://www.flickr.com/photos/vanerumstelter/9517772728/in/set-72157636836934066

(오른) Her Agenda, 2015.05.18.

# 06

# 디지털 사회, 신뢰의 변화

박희봉

인류는 생존과 번영을 위해 원시 사회에서는 가족 중심의 신뢰와 협력을, 농업 사회에서는 연고 집단 중심의 신뢰와 협력을, 산업 사회에서는 법과 제도 중심의 구조적 신뢰를 발전시켰다. 이러한 관점에서 디지털 사회에서는 디지털 사회에 어울리는 신뢰가 발전할 것이다. 본 장에서는 디지털 사회에서 디지털 기술을 바탕으로 우리가 어떤 방식으로 신뢰하며 협력할 것인지, 그리고 그러한 신뢰와 협력의 특징이 무엇인지 논의하려 한다.

## 산업 사회와 디지털 사회

18세기 중반부터 250여 년 동안 산업 사회를 살아가던 사람들은 21세기 초반 급격하게 일어난 기술 혁명으로 인해 디지털 사회를 맞이하였다. 반도체 기술과 컴퓨터 성능의 급발전에서 이어진 빅데이터, 인공지능, 로봇, 사물 인터넷의 활용으로 사회가 급격하게 변화하고 있다. 4차 산업 기술로 인해 인류의 삶의 방법이 또다시 근본적으로 바뀌고 있는 것이다.

산업 사회의 발전으로 인해 인류는 법과 제도를 바탕으로 기계적 조직 내에서 표준화된 분업 행위를 함으로써 조직 효과성을 달성하였고, 그 결과 사회적으로 표준화되고 규격화된 물질적 풍요를 누리게 되었다. 농업 기술의 발달로 인해 농업 사회에서 먹거리를 해결했다면, 산업 사회에서는 먹거리 외에 입는 옷과 사는 집, 그리고 생활에 필요한 갖가지 상품과 서비스를 필요한 만큼 사용할 수 있게 되었다. 하지만 표준화된 산업 사회에서는 소비에 있어서도 표준화된 상품과 서비스를 구매하고 소비하였다. 기계에서 찍어낸 똑같은 옷을 입고, 똑같은 자동차를 타고, 똑같은 아파트에서 생활했다.

그러나 사람의 욕망은 끝이 없다. 물질적 풍요를 달성한 후에도 사람들은 새로운 것을 추구한다. 사람들은 물질적 풍요만으로 만족하지 않았고, 오래 지나지 않아 규격화된 생활에 싫증을 냈다. 똑같은 옷과 자동차, 아파트를 탈피하여 자신의, 자신만의 개성을 나타낼 수 있는 소비와 생활을 찾았다. 일단 물질적인 측면에서 전반적으로 자신만의 것을 찾았고, 자신의 개성을 보여 줄 수 있는 것이라면 아낌없이 돈을 지출하기 시작했다. 표준화된 상품과 서비스는 소비자로부터 외면받아 값싼 것이 되고, 개성을 살리는 맞춤 상품과 서비스는 가치를 인정받아 대세를 이루었다.

수요가 있으면 공급이 따르는 법. 기성복 가격의 10배, 100배라고 해도 자신의 스타일에 맞는 옷, 남다른 옷을 구매하는 사람이 있다면, 맞춤 서비스를 제공하기 위해 돈을 벌려는 사람은 나오게 되어 있다. 다만 새로운 상품 및 서비스를 창출하려면 기술이 필요하다. 그리하여 새로운 기술을 개발한 사람이 돈을 벌 수 있는 세상이 되었다. 산업 사회를 대표하던 기계화와 표준화는 이제 누구나 다 가지고 있다. 인간의 새로운 욕구, 새로운 수요에 맞추어 누구보다도 먼저 새로운 기술을 개발하여 남다른 상품과 서비스를 제공할 수 있어야 최고가 될 수 있다.

산업 사회에서는 다른 사람과 같은 표준화된 일을 할 줄 알아야 했다. 거대한 조직에 들어가 표준화된 규정에 따라 표준화된 작업장에서 표준화된 행동을 수행할 수 있어야 급여를 받을 수 있었다. 그러나 디지털 사회 기술의 진보로 인해 대부분의 표준화된 작업은 컴퓨터 프로그래밍에 의해 기계로 대체되었다. 산업 사회에서 20만 마리의 닭을 키우기 위해서는 50여 명의 노동자가 작업해야 했다. 닭 모이를 주고, 달걀을 수거하고, 청소하고, 온도가 올라가면 창문을 열고 선풍기를 틀어 주며, 온도가 내려가면 선풍기를 끄고 창문을 닫는 등 사람이 해야 할 일이 많았다. 그러나 컴퓨터 프로그래밍과 기계의 연결로 이 모든 일이 자동화 가능하다. 이제 닭 20만 마리를 키우는 양계장에서는 2~3명만 일하면 된다. 디지털 사회에서 표준화된 업무는 모두 자동화 기계, 즉 로봇이 대신하고 있다.

산업 사회에서 페인트 물감을 판매하는 판매상은 수만 가지 색상의 페인트를 색상별로 저장할 창고를 보유하고 있어야 했다. 용기의 크기도 수십 가지이니 창고가 엄청나게 커야 했다. 그러나 컴퓨터 프로그래밍으로 창고가 필요 없어졌다. 빨간색, 파란색, 노란색, 검은색, 흰색의 페인트만 있으면 이를 배합하여 어떠한 색도 만들 수 있다. 고객이 주문한 색상을 컴퓨터 프로그래밍으로 배합하고, 주문한 양만큼 적당한 용기에 넣어 주는 것은 너무도 간단한 일이다.

표준화된 업무뿐만 아니라 현실에서 이성적으로 생각할 수 있는 일은 대부분 기술의 발전으로 자동 처리가 가능하다. 바코드의 개발로 어떤 상품이 어디에서 언제 생산되어 어떤 유통 과정을 거쳐 최종 소비자에게 도착했는지 정확하게 알 수 있다. 불량품이 발견되면 언제 어디에서 누가 무슨 문제를 일으켰는지를 알아내어 바로 해결할 수 있다. 우유의 질이 떨어진다면, 어느 농장의 몇 번 젖소가 어떤 병에 걸렸는지를 알 수 있다. 물류를 보낸 사람과 받는 사람 간에 어떤 절차를 거쳐 배송이 이루어졌는지 모두 추적할 수 있다. 이 과정 대부분은 자동화 처리되어 배송 시간도 빠르다. 저녁을 먹은 후 아침 대신에 죽을 먹기로 마음

먹고 스마트폰으로 주문하면, 다음 날 새벽 4시에 문 앞까지 배달받을 수 있다. 어떤 일이 가능할지를 이성적으로 생각하고 과정을 설계하면, 자동 처리가 가능하다.

원격 카메라와 사물 인터넷의 발전으로 비대면 일 처리도 가능해졌다. 회사에 나가서 업무를 보지 않고 집에서 처리할 수 있다. 회의를 굳이 한곳에 모여서 할 필요도 없고, 강의 역시 원격으로 얼마든지 가능하다. 밖에서 집에 들어가기 전에 온도를 원하는 대로 높일 수도 낮출 수도 있다. 원격 카메라와 중앙 제어 컴퓨터, 그리고 스마트폰을 연결하면 지정된 곳에서 어떤 일이 일어나고 있는지를 언제든 살펴볼 수 있고, 원하는 대로 결정하고 명령하여 실행할 수 있다.

빅데이터 처리 기술과 인공지능의 개발로 단순한 업무뿐만 아니라 인간이 오랫동안 발전시킨 전문 분야까지도 빠르고 정확하게 처리할 수 있게 되었다. 이세돌과 알파고의 대국 다섯 번 중 이세돌이 한 번밖에 이기지 못한 것이 충격이라고 했지만, 그 한 번의 승리가 사람이 인공지능을 이긴 유일한 승리이다. 이제는 최고의 바둑 프로 기사가 인공지능에게 3점을 놓고 두어야 할 정도다. 그만큼 인공지능의 학습과 계산 능력은 모두가 인정하는 사실이 되었다.

바둑 이외에도 인간의 이성 능력을 바탕으로 한 전문 영역은 대부분 인공지능에게 물려주게 되었다. 법률 지식, 회계 능력, 의료 기술, 주식 거래 등 방대한 자료를 검토하고 학습하는 것은 인공지능의 판단이 더 정확하고 빠르다. 다만 사람이 아닌 인공지능의 판단에 문제가 있을 때

누가 책임질 것인가 하는 법적 문제, 이해 당사자의 반대 등으로 인해 빠르게 도입되지 않을 뿐, 언젠가는 인공지능이 대세가 될 것이라는 데는 이의를 다는 사람이 없다.

농업 사회가 원시 사회의 장점과 한계를 극복했으며, 산업 사회가 농업 사회의 패러다임을 완전히 혁파하고 새로운 패러다임을 보여주었듯이, 디지털 사회는 산업 사회와 전혀 다른 새로운 패러다임을 제시한다. 디지털 사회에서 산업 사회의 장점과 패러다임은 더 이상 작동하지 않는다. 즉 산업 사회의 대표적인 패러다임인 기계적 거대 조직의 표준화와 분업화에 의한 업무는 모두 인공지능과 로봇에 의해 대체될 것이다. 법과 규정으로 업무 방향과 방법이 정해져 있어서 인공지능이 검토하고 학습할 수 있는 일은, 인공지능이 결정하고 로봇이 수행하면 사람보다 훨씬 빠르고 정확하다. 산업 사회의 주요 업무 중 대부분을 인공지능과 로봇이 수행하는 것이다.

디지털 사회의 가장 큰 특징은 첫째, 사람들은 표준화, 획일화에서 탈피하여 자신만의 개성에 적합한 삶을 살고자 하며, 이를 발전된 기술을 통해 실현할 수 있다는 점이다. 기술의 발전으로 9시에 출근하여 6시에 퇴근해야 하는 시간의 제약에서 벗어나, 자신이 원하는 시간에 일하고 자신이 원하는 시간에 휴식을 취할 수 있다. 자신이 원하는 시간에 자신이 보고 싶은 것을 언제든지 볼 수 있다. 회의를 위해 특정한 장소에 모일 필요도 없다. 기업을 반드시 소유주의 국가에 설립할 필요도 없다. 가상 공간을 만들어 기업을 설립할 수도 있다. 국적 역시 반드시 자신이 태어난 국가일 필요도 없다. 혈연, 지연, 학연, 종교의 연고에 따른 의무감도 무력화된다. 산업 사회에서 극단적인 갈등의 주역이었던 이데올로기 역시 사멸한다. 자신이 원하는 모임을 언제든 아무 제약 없이 만들 수 있기 때문이다.

둘째, 디지털 사회에서 사람들은 표준화, 획일화, 프로그래밍이 불가능하여 인공지능과 로봇이 대체할 수 없는 창조적인 일을 맡는다. 표준화와 분업화에 길들어 지시받은 일을 수행하는 사람은 더 빠르고 정확하게 업무를 처리하는 인공지능과 로봇에 의해 대체된다. 하지만 그렇다고 인공지능과 로봇 등 기술이 세상을 주도할 가능성은 낮다. 인공지능과 로봇 등 기술은 인간의 삶을 편리하게 하는 수단이지, 기술 스스로 미래를 창조하고 개척할 능력은 없기 때문이다. 세상은 사람들의 욕구를 해결하는 방향으로 기술을 진보시키고 변화해 왔다. 4차 산업혁명 사회 역시 사람들이 개척하고 창조하는 방향으로 계속 진보할 것이며, 직업 역시 같은 방향으로 진화할 것이다. 사람들은 자신이 잘할 수 있는, 자신에게 적합한, 자신의 개성을 반영한 삶을 살고자 할 것이며, 이렇게 사람들이 각자 개성 있는 삶을 살 수 있도록 기술이 발전할 것이고, 이에 따라 직업도 변화할 것이다.

셋째, 디지털 사회에서는 과학 기술의 발전으로 인해 한 사람이 모든 지식을 모두 이해할 수 없다. 아무리 전문성을 보유한 사람일지라도 다른 분야의 전문가와 협력하지 않으면 어떤 문제도 해결하기 어렵다. 따라서 사람들의 상호 의존성Interdependency이 더욱 증가할 것이다. 하지만 모든 사람이 자신에게 도움이 되는 건 아님을 서로가 잘 알기 때문에, 아무나와 함께하지는 않는다. 정보 기술Information Technology의 발전으로 사람들은 자신에게 도움이 될 사람을 어디서든 찾을 수 있기에, 서로에게 도움이 되는 사람을 선택할 수 있다. 국가와 종교, 이데올로기를 떠나 누구든 자신과 함께 도움을 주고받을 수 있는 사람들과 나누고 싶은 것을 나누며 사는 세상이 될 것이다.

넷째, 디지털 사회 역시 인간 중심의 세상이다. 인간의 역사 발전은 인간을 중심으로 이루어져 왔고, 앞으로도 인간은 더욱 강조될 것이다. 사람을 이해하지 못하고 협력하지 못하는 사람은 결코 창조적인 아이디어를 낼 수 없다. 창조적 아이디어의 판단 기준이 인간이기 때문이다. 인간의 실질적인 행복을 추구하기 위해서는 기존의 틀에 의한 속박에서 벗어나야 한다. 남녀, 지역, 혈연, 학연, 종교 등 연줄에 의한 속박과 갈등, 이데올로기의 속박과 갈등, 국가의 차이에 따른 법과 제도에 의한 속박과 갈등이 인간의 행복과 아이디어를 제한했던 것으로부터 자유로워질 필요가 있다. 디지털 사회는 기존의 모든 제한과 속박에서 벗어나 모든 인간이 자유롭게 소통하며 인간을 위한 새로운 아이디어를 주고받고, 신뢰하며 협력하는 사회가 되어야 한다. 그래야 인간의 행복을 추구할 수 있는 아이디어를 창조하고 실현할 수 있다.

따라서 산업 사회에 머물러 디지털 사회의 시대적 가치를 창조하지 못하는 사람이나 집단, 사회, 국가는 결코 시대적 소명을 이끌 수 없다. 디지털 사회를 주도할 수 있는 개인은 인간과 사회와 기술의 변화를 이

표 1. 산업 사회와 디지털 사회의 신뢰

| | 산업 사회 | 디지털 사회 |
|---|---|---|
| 중심 산업 | 2차 산업 | 3차, 4차 산업 |
| 집단 성격 | 국내 조직 | 글로벌 네트워크 조직 |
| 사회 개방성 | 국가 사회 | 글로벌 사회 |
| 신뢰 기초 | 법, 제도 | 개인, 조직, 사회 |
| 신뢰 판단 | 구조적 신뢰 | 자율적, 상호 의존적 신뢰 |

해하고, 자신의 위치와 역할을 해낼 능력을 키워 다른 사람에게 도움이 되는 역할을 다하는 자율적인 개인이어야 한다. 또한 국가와 사회는 이러한 자율적인 개인이 신뢰하고 협력할 수 있는 배경으로서, 자율적이고 상호 의존적인 사회로서의 역할을 할 수 있어야 4차 산업혁명을 주도하게 될 것이다.

## 디지털 사회의 경쟁력과 신뢰

4차 산업혁명으로 인류는 다시금 혁명적인 사회 변화에 직면하였다. 산업 사회에서는 표준화된 능력을 발전시키고 기계적인 거대 조직에서 분업화된 업무를 수행함으로써 급여를 받아 생활이 가능했다. 그러나 디지털 사회에서는 산업 사회의 업무가 급감하고, 새로운 업무가 탄생하였다. 산업 사회의 표준화된 업무는 빅데이터와 인공지능, 로봇이 훨씬 효율적으로 처리하기 때문에, 이 부문에서 사람들이 할 수 있는 일자리가 감소하였다. 일자리가 남아 있다고 해도 육체 노동직Manual Work 뿐이다.

디지털 사회에서 사람들은 산업 사회의 일자리를 떠나 새로운 시대에 맞는 일자리를 찾게 되었다. 새로운 일자리는 일단 4차 산업혁명을 이끄는 기술과 관련한다. 세계 10대 기업 중 아마존, 애플, 구글, 삼성Samsung, 페이스북, 마이크로소프트 등 7개가 IT 관련 기업인 것처럼, 빅데이터, 인공지능, 로봇, 사물 인터넷, 무인 자동차, 드론, 나노, 원격 의료 등 신기술의 발전이 산업화하면서 새로운 일자리를 창출했다. 또한 이러한 기술이 개인의 개성을 나타내는 다양한 욕구를 만족시키는 방향으로 발전하면서 보다 다양한 일자리를 양산하고 있다.

표준화와 프로그래밍이 가능한 산업 사회의 업무는 인공지능과 로봇이 대신하고, 이들이 하지 못하는 창의적인 업무가 사람의 몫이다. 디지털 사회의 다양한 문제는 사람만이 해결할 수 있다. 인간의 다양한 욕구는 사람만이 알 수 있다. 엄청나게 많은 빅데이터를 수집하여 분석하는 일은 인공지능이 맡지만, 어떤 문제를 해결하기 위해 어떤 자료를 모아 분석하라는 지시는 사람만이 할 수 있다. 로봇은 지시받은 일을 효율적으로 수행하지만, 고객의 복잡한 요구를 이해하고 업무를 지시하는 일을 위해서는 사람이 있어야 한다. 진행 중인 일은 인공지능과 로봇이 효율적으로 처리하지만, 시시각각 변하는 고객의 요구에 대한 대응은 사람의 일이다.

따라서 디지털 사회에서는 문제 해결 능력을 지닌 창의적 인재가 주역이다. 창의적 인재는 전문화된 분야를 잘 알고 있는 산업 사회의 전문가와는 다르다. 산업 사회에서는 기계 부속품처럼 각자가 분업화된 전문 분야를 보유하고 자신에게 맡겨진 업무를 담당하면 하나의 완성체가 되었지만, 디지털 사회에서는 각자가 분업화된 전문 분야만을 이해하고 기능하는 것을 넘어서, 전체 기계가 당면한 문제와 변화된 환경을 이해하고 부속품이 대처해야 하는 문제를 스스로 해결할 것이 요구된다. 따라서 디지털 사회의 창의적 인재는 인간과 사회에 관한 전반적인 교양을 습득하고 자신의 전문 분야를 가지고 있어야 한다. 자신의 전문 분야가 사회 전반에서 어떤 역할을 하는지 이해하여야, 사회가 변할 때 자신의 역할을 어떻게 변화시켜야 할지도 알 수 있기 때문이다.

기술의 발전에 따라 디지털 사회의 전문 분야는 산업 사회에서보다 더 세분화된다. 따라서 부분을 담당하는 각 전문가가 전체 사회 시스템을 이해하기란 쉽지 않다. 한편, 전체 사회의 문제를 해결하기 위해서는 각 전문 분야 간의 협력이 필수적이다. 예를 들어, 간암 환자를 진단할 때 간암 전공 의사의 지식만으로는 정확한 진단과 치료가 어렵다. 간암이 발생한 원인이 간이 아닌 다른 장기에 있을 수 있고, 각종 기관의 상호 작용이 원인일 수도 있기 때문이다. 더욱이 간암 치료를 위해서는 신체의 다양한 기관에 대한 전문 지식이 필요하다. 따라서 간암 환자의 치료를 위해서는 간암 전문 의사뿐만 아니라 다양한 분야의 전문 의사들이 모여 함께 진단과 치료 방향을 논의해야 한다. 이를 위해서 각 분야의 전문 의사들은 인체에 관한 지식뿐만 아니라 다른 분야의 기본 지식을 이해해야 한다. 이렇듯 4차 산업혁명 시대의 인재는 인간과 사회에 관한 기본 지식을 바탕으로 다른 분야 전문가와 상호 의존적으로 협력할 수 있어야만 한다.

산업 사회에서는 법과 제도에 따라 최고 관리자가 조직을 주도하였고, 구성원은 법규와 최고 관리자의 명령에 따라 분업화된 업무를 수행하였다. 그러나 디지털 사회에서 이러한 산업 사회 조직은 생존할 수 없다. 조직의 최고 관리자가 조직이 처한 환경 변화를 모두 감지하고 대응할 수 없기 때문이다. 디지털 사회에서는 고객의 요구가 끊임없이 변화하고, 기술이 계속해서 발전한다. 이렇게 시시각각 변하는 환경에 대응하기 위해서는 조직 관리자 혼자 아이디어를 내서는 부족하다. 조직 구성원 모두의 적극적인 아이디어 개발과 참여가 필요하다.

결국, 디지털 사회에서 표준화와 프로그래밍이 가능한 업무는 인공지능과 로봇이 맡고, 사람은 세분화된 전문 분야를 보유하여 시시각각 변화하는 환경에 따라 발생하는 새로운 문제를 다른 전문가와의 협의를 통해 해결하는 일을 수행한다. 조직의 주도권 역시 조직 관리자로부터 창의적 지식을 소유한 전문가들의 협력적 거버넌스로 이동하게 될 것이다.

디지털 사회에서는 산업 사회의 법과 제도에 의해 구조화된 신뢰와는 다른 차원의 신뢰가 발전한다. 구조적 신뢰는 법과 제도에 의해 틀이 정해지기 때문에 새로운 환경에 적응할 수 없다. 디지털 사회에서의 인간은 시시각각 변하는 새로운 문제, 새로운 기술, 새로운 아이디어를 폭넓게 이해하고, 누구와도 협력할 수 있는 자율적이고 상호 의존적인 신뢰를 보유해야 한다. 또한 조직과 사회 역시 자율적인 인간이 스스로 창의력을 발휘하고 문제를 해결할 수 있도록 자율권을 부여하며, 자율적인 인간이 협력적 거버넌스를 형성하여 누구와도 대화하고 협력할 수 있는 자율적이고 상호 의존적인 조직, 사회로 발전해야 한다. 자율적이고 상호 의존적인 사회적 신뢰를 바탕으로 형성된 국가와 사회는 4차 산업혁명에 성공하여 경쟁력을 확보하고 신뢰 사회로 나아갈 수 있다. 반면 그러한 사회적 신뢰를 형성하는 데 실패한 국가와 사회는 디지털 사회로 진입하기 어렵다.

## 디지털 사회에서 개인과 집단의 역할

산업 사회에서 사람들은 생존 및 이익 추구, 경쟁력을 높이기 위해 농업 사회의 집단을 떠나 거대 도시의 조직에 취업하였고, 산업 사회의 조직은 경쟁력과 생산성을 높이기 위해 법과 제도를 바탕으로 분업화, 표준화를 통한 구조적 신뢰를 발전시켰다. 이러한 산업 사회의 조직은 고객의 욕구와 기술이 변하는 것을 전제하지 않고 설계되었다. 따라서 4차 산업혁명으로 인해 환경이 급격히 변화하자, 개인과 집단의 역할 역시 급격히 변화하였다.

산업 사회는 각자가 자신을 책임지는 개인주의를 바탕으로 한다. 법과 제도가 규제하지 않는 한, 자신의 이익을 추구하기 위한 어떠한 행위도 가능하다. 산업 사회에서 조직과 개인은 철저한 계약 관계다. 구성원 각자에게 조직은 법규와 제도가 하라는 일은 하고, 하지 말라는 일은 하지 않기를 바랄 뿐이다. 다른 어떠한 행위도 개인의 몫이다. 조직과 집단에 대한 특별한 충성을 요구하지 않는다. 능력이 있는 개인은 우대받고, 능력이 없으면 해고된다. 경쟁력을 키워 대우받기를 원하는 것은 온전히 개인의 책임이다. 분업화와 표준화에 따라 조직이 구조화되어 있기에, 개인은 표준화된 능력을 키워서 자신에게 주어진 전문 분야에서 능력을 보이면 우대받는다.

반면, 디지털 사회에서의 개인은 지속해서 발생하는 사회 문제를 해결할 수 있는 창의적 개인이 될 것을 요구받는다. 법과 제도의 틀 안에서 반복적인 업무를 수행하는 수동적인 인간이 아니라, 계속 변화하는 환경에서 새로운 문제를 스스로 찾아 해결하는 능동적인 인간이 되어야 한다. 전문 분야의 세부적인 문제 역시 전반적인 사회 문제와 연결되어 있으므로, 모든 조직 구성원은 자신의 전문 분야뿐만 아니라 인간과 사회, 그리고 다른 전문 분야에 대한 기본적인 이해가 있어야 한다. 그래야 자신이 담당하고 있는 세부 분야에서 발생하는 문제를 제대로 이해할 수 있고, 다른 전문가와 협력할 수 있다. 개인은 개인으로 분절되지 않으며, 다른 사람과의 상호 의존적 관계 내에서의 개인이 된다. 디지털 사회의 개인은 자신에게 주어진 분야와 업무뿐만 아니라 인간과 사회 전반을 이해하고, 다른 전문가와의 대화와 토론을 통해 새로운 문제를 능동적으로 해결하는 역할을 해야 하기 때문이다.

개인과 집단의 역할이 변함에 따라, 디지털 사회에서는 인재를 양성하기 위한 교육 패러다임 역시 바뀐다. 산업 사회에서는 철저한 기능의 분업화에 따라 구분된 세부 전공 분야별로, 표준화된 프로그램을 교육하였다. 자기 세부 전공 분야에 관한 표준화된 지식을 가진 전문가를 인재로 인식하였다. 특정 분야에 대해 얼마나 깊이 알고 있는가가 중요했다. 다른 분야를 알 필요도, 다른 분야 전문가와 협력할 필요도 없었다. 더욱이 인간과 사회에 대한 이해는 전문성과 별개의 영역이었다.

디지털 사회에서의 인재는 산업 사회보다 전문 분야가 더욱 세분화되는 동시에, 전문 분야 간의 협력, 인간과 사회에 대한 이해를 바탕으로 새로운 문제를 해결할 수 있는 사람이다. 과학 기술의 진보에 따라 전문 분야는 갈수록 더 세분화될 수밖에 없다. 또한 다양해지고 복잡해지는 문제를 해결하기 위해서는 특정한 분야의 전문성만으로는 어렵고, 전문 영역 간의 협력과 인간과 사회에 대한 기본적인 이해가 필요하다. 따라서 디지털 사회에서는 모든 영역에서 문제 해결 능력을 강조하고, 교육에서도 전문성 증진뿐만 아니라 문제 해결 능력을 갖춘 인재를 목표로 타 분야와의 협력과 인간과 사회에 관한 기본 지식의 함양을 강조한다.

조직의 역할 역시 산업 사회와 디지털 사회에서 그 패러다임이 변화하였다. 산업 사회에서는 의식주 모든 측면이 부족했기 때문에 고객의 요구가 단순하였다. 조직이 공급하는 상품과 서비스에 쉽게 만족하였다. 조직은 고객의 요구를 미리 파악할 수 있었고, 이에 따라 조직에 주어진 임무는 프로그래밍된 업무에 대해서 최상의 효율성을 발휘하는 것이었다. 따라서 산업 사회의 조직은 미리 정해 놓은 법과 제도에 의해 기계적으로 운영되도록 설계되었고, 조직원의 역할은 명령받은 대로 업무를 수행하는 것이었다. 이를 통해 산업 사회는 물질적 풍요를 달성할 수 있었다.

물질적 풍요를 충족한 이후, 디지털 사회에서 사람들은 자신만의 개성적인 삶을 살겠다는 새로운 욕구를 표출했다. 조직은 고객의 새로운 욕구에 대응해야 생존할 수 있다. 그러나 산업 사회에서 고객의 욕구가 단순하고 예상할 수 있었던 반면, 디지털 사회에서 고객의 욕구는 사람마다 다르며 환경에 따라 변화한다. 조직은 고객의 요구에 따라 다양한 상품과 서비스를 개발해야 하고, 발전된 새로운 기술을 적용하여 새로운 상품과 서비스를 내놓아야 한다. 경쟁 조직과 차별화된 상품과 서비스를 고객이 구매할 만한 합리적인 가격에 제공할 수 있어야 하고, 그들이 쉽게 모방하거나 대체할 수 없는 기술을 확보해야 한다. 이렇게 새로운 환경 변화에 적응하기 위해서, 디지털 사회의 조직은 새로운 문제를 끊임없이 해결하는 창의성을 발휘해야 한다.

디지털 사회의 창의적 조직은 불확실한 미래 환경에서 발생하는 프로그래밍되지 않은 문제를 해결할 수 있어야 한다. 그러기 위해서는 무엇을 할 것인지 미리 정해 놓은 법과 제도의 틀에서 벗어나야 한다. 또한 최고 관리자의 명령으로 일사불란하게 운영되는 조직의 구조와 행태 역시 바꾸어야 한다. 조직의 최고 관리자가 디지털 사회에 고도로 발전된 과학 기술을 모두 이해하고, 조직 내외에서 발생하는 모든 일을 책임지고 대처할 수는 없다. 현장에서 고객의 다양한 요구를 접하는 전문성을 갖춘 하부 조직이 스스로 결정할 수 있어야 한다. 조직 구성원 모두가 본인이 맡은 전문 분야에 책임을 지고 대처할 수 있어야 끊임없이 변화하는 환경에 능동적으로 대응할 수 있다. 디지털 사회의 조직은 최소한의 법규, 전문성을 갖춘 조직 구성원, 그리고 구성원 간의 협업으로 운영된다. 조직의 최고 관리자, 중간 관리자, 하급자 간의 보고와 명령으로 이어졌던 체계가 각 분야의 전문성을 갖춘 구성원 간의 평등한 의사소통 및 협업으로 대체되는 것이다.

## 디지털 사회 신뢰의 특징

산업 사회, 즉 거대 도시의 익명 사회에서 사람들은 자신의 이익을 추구하기 위해 법과 제도를 바탕으로 한 구조적 신뢰를 구축하였다. 조직 내에서 규정에 정해진 업무, 상사의 지시에 따라 자신에게 맡겨진 분업화된 업무를 수행하면 충분했다. 조직에서 인정받기 위해서는 개인적인 전문성을 발휘하면 됐다. 조직 전체가 어떤 업무를 수행하는지, 동료가 어떤 업무를 하는지 이해할 필요도 없기에 동료와의 협력이 중요하지 않았다. 따라서 산업 사회에서는 개인주의가 발달했다.

이에 반해 디지털 사회에서는 업무상 협력이 필수적이다. 산업 사회의 정형화된 업무는 인공지능을 위시한 기계가 처리하는 반면, 사람은 기계가 처리할 수 없는, 프로그래밍되지 않은 업무의 처리와 새로운 문제를 해결하는 과제를 맡는다. 나아가 과학 기술의 발전에 따라 업무는 점점 더 전문화, 세분화한다. 이에 따라 그 누구도 단독으로 문제를 해결할 수 있는 통합적 전문 지식을 갖출 수가 없다. 그러니 새로운 문제를 해결하기 위해서는 다수 전문가 간의 협력이 필수이다. 이를 위해서는 각 분야의 전문가가 전체 조직과 사회가 당면한 문제, 그리고 다른 전문 분야에 대한 기본적인 이해를 지니고 있어야 한다.

디지털 사회가 요구하는 이러한 새로운 방식의 문제 해결, 협력적 거버넌스는 산업 사회의 구조적 신뢰로는 불가능하다. 법과 제도가 정한 대로 업무를 수행하면 예정된 업무를 수행할 수는 있지만, 예상하지 못한 문제를 해결할 수는 없다. 법과 제도를 기준으로 사람을 신뢰하여서는 새로운 문제를 해결하는 데 필요한 협력이 불가능하다. 법과 제도를 바탕으로 한 구조적 신뢰는 법과 제도 내에 주어진 업무를 수행하는 사람에 대한 신뢰를 제공할 뿐, 법과 제도가 정하지 않은 창의적 업무와 협력적 업무를 수행하는 사람에 대한 신뢰는 제공할 수 없기 때문이다. 게다가 산업 사회의 구조적 신뢰는 특정 이데올로기를 전제로 한 법과 제도를 바탕으로 규정되어 있으므로 이데올로기로 인한 갈등을 극복할 수도 없다.

산업 사회에서 한 사람이 다른 사람을 신뢰할 것인지 말 것인지는 그 사람이 법과 제도를 따르는가, 아닌가에 따라 결정된다. 규정에 따라 일을 처리하고 협력을 요구하는 경우 사람과 업무 처리 과정을 신뢰하고 기꺼이 협력한다. 예를 들어, 부동산을 매매할 때 상대방이 누구인지 알지 못해도 법과 규정대로 부동산 매매 절차를 따르는 경우 상대방을 신뢰하고 매매를 진행한다. 이처럼 산업 사회의 구조적 신뢰는 법과 제도가 갖추어져 있을 때는 확실히 신뢰를 보장한다. 그러나 사회 환경이 급격히 변하여 법과 제도가 갖추어져 있지 않을 때는 사람 간의 신뢰를 보장할 수 없다. 디지털 사회에서 홍수처럼 밀려드는 새로운 정보 가운데 어떤 정보를 신뢰할 것이며, 어떤 정보를 신뢰하지 않은 것인지에 대한 기준이 법과 제도의 형태로 성문화되지 않는다면, 정보를 이용할 방법도 없다. 새로 개발한 과학 기술의 활용에 관하여 기준이 마련될 때까지, 그 기술을 신뢰하고 활용할 수도 없다.

더욱이 다양화된 디지털 사회에서 사람들은 각자 행복의 기준이 다르다. 법과 제도로 행복의 기준을 정할 수 없다. 사람들은 법과 제도가 규정하는 생활로는 만족하지 않는다. 자기 삶을 자신의 특성에 맞게, 자신의 개성에 따라 선택하고자 한다. 그러니 법과 제도가 주는 구조적 신뢰에 의한 인간관계로는 만족하지 않는다. 이데올로기의 틀에 의해 정해진 삶으로도 만족하지 않는다.

디지털 사회에서의 신뢰는 삶을 능동적으로 자신의 방식대로 살고자 하는 사람들 간의 관계에서 새로 정립된다. 사람들은 이렇게 각자 독립적인 삶을 살아가는 개인이 서로 도움을 주고받을 수 있는 자율적이고 상호 의존적인 신뢰 관계를 필요로 한다. 이러한 디지털 사회의 신뢰는 다음과 같은 디지털 사회의 특징을 포함한다.

첫째, 디지털 사회는 환경의 급격한 변화로 인해 미래 예측이 불가능하다. 따라서 현재의 삶이 언제 어떻게 변할지 예측할 수 없다. 현재 안정적인 직업이 언제 AI로 대체될지 예측하기 어렵다. 대학을 비롯한 정규 교육이 계속 필요할지, 어떻게 바뀔지, 어느 전공이 유망한지 누구도 책임 있게 해답을 줄 수 없다. 각자 자기 삶의 방식을 자기 책임으로 결정해야 한다. 자신의 장단점은 누구보다도 자신이 가장 잘 알고 있기 때문이다. 따라서 누구를 신뢰할 것인지에 대한 기준 역시 법과 제도의 객관적 기준에서 개인과 사회가 책임지는 방식으로 변화할 것이다. 개인과 사회가 요구하는 바를 함께 해결하기 위해 노력하는 사람과 대상을 신뢰하게 될 것이다.

둘째, 디지털 사회에서 사람들은 독립적이고 자신만의 개성적인 삶을 추구한다. 신뢰 역시 이러한 삶을 추구하기 위해 형성된다. 독립적이고 개성적인 삶은 자신의 운명을 스스로 판단하고 책임지는 삶이다. 이를 위해서는 사회 전반에 대한, 자신이 속한 조직에 대한, 다른 사람에 대한 이해가 필수적이다. 세상의 변화와 자신의 위치를 스스로 판단하고 결정해야 자신만의 독립적이고 개성적인 삶이 가능하다. 그리고 이렇게 자율적인 사람들은 다른 사람들도 자율적일 것을 요구한다. 디지털 사회의 신뢰는 이렇게 자율적인 사람들 사이에서 형성된다.

셋째, 디지털 사회에서 사람들은 인공지능을 비롯한 기계로 대체될 수 없는 창의적인 전문성을 추구한다. 기술 발달로 인해 사람들의 일상생활에서 발생한 모든 데이터가 투명하게 공개되고, 인공지능을 통해 처리된다. 이미 개발된 전문성을 더는 특정한 개인이 배타적으로 소유할 수 없다. 예상할 수 있는 문제는 인공지능을 비롯한 기계가 훨씬 더 빠르고 정확하게 처리하기 때문에, 사람의 직업을 잠식한다. 사람은 기계가 대체할 수 없는 창의적인 일을 할 수 있어야 독립적이고 개성적인 삶을 영위할 수 있다. 한편 창의성은 대부분 세부적인 곳 또는 부분과 부분 간의 연결에서 발생한다. 따라서 창의적인 전문성을 추구하기 위해서는 다른 전문성을 보유한 사람들과의 상호 의존적 신뢰와 협력을 발전시켜야 한다.

넷째, 디지털 사회의 자율적인 사람들은 사회의 변화에 능동적으로 참여한다. 사회의 변화가 자기 삶에 직접적인 영향을 미치기 때문이다. 법과 제도의 장점과 한계를 잘 이해하고, 그에 맹목적으로 따르지 않는다. 법과 제도를 제정하거나 개정할 때 적극적으로 참여하여 자기 입장을 알리고 토론한다. 잘 정비된 법과 제도가 정착하면 사람들의 삶이 편해지지만, 그렇지 않을 때는 독립적이고 개성적인 삶을 사는 데 불편을 초래한다는 사실을 잘 알고 있기 때문이다. 나아가 사회가 바뀔 때 법과 제도 역시 변해야 한다는 것, 그리고 법과 제도를 시시각각 변화시키는 게 쉽지 않다는 것도 이해한다. 따라서 법과 제도는 꼭 필요한 만큼 최소화되어야 하고, 자율적인 사람들 간의 자율적이고 상호 의존적인 신뢰를 바탕으로 활발한 논의를 통해 문제를 해결할 것을 요구한다.

이상과 같은 특징으로 인해 디지털 사회의 신뢰는 산업 사회와 극명하게 대비된다. 산업 사회의 신뢰는 익명 사회에서 법과 제도를 바탕으로 구조적으로 형성되지만, 디지털 사회의 신뢰는 전체 사회와 구성원을 이해하는 독립적이고 창의적인 개인들에 의해 자발적으로 형성된다. 산업 사회의 신뢰는 구조적인 틀에 따라 수동적으로 형성되는 반면, 디지털 사회의 신뢰는 창의적인 개인의 참여와 책임 있는 결정에 따라 능동적으로 형성되는 것이다. 디지털 사회에서 자율적이고 강한 개인들은, 자율적이고 상호 의존적인 사회를 건설하여 구성원의 특성에 맞는 실질적인 행복과 전체 사회의 장기적인 발전을 추구하기 위하여 신뢰를 형성한다. 즉 디지털 사회의 신뢰는 자율적인 개인과 사회로부터 형성된다.

## 디지털 사회 신뢰의 장점과 한계

원시 사회로부터 디지털 사회로 발전하는 동안, 사람들은 자신의 생존과 이익 추구를 위해 다른 사람들과 신뢰를 형성하였다. 원시 사회에서 혼자 사는 사람은 생존할 확률이 낮기에, 가족을 중심으로 신뢰를 통한 협력이 발전했다. 원시 사회에서 신뢰가 높은 사람이 다른 사람과의 협력을 통해 생존할 확률이 더 높았기 때문이다.

농업 사회에서도 신뢰를 발전시키지 못한 개인과 집단은 도태되었다. 혼자 농사를 지으면 생산성이 매우 낮았기 때문이다. 혈연과 지연 등 연줄을 통해 신뢰와 협력을 증진시킨 개인과 집단이 농업 생산성을 증진시킬 수 있었다.

산업 사회에서도 사람들은 변화된 환경에 맞게 신뢰를 진화시켰다. 2차 산업의 발전으로 농촌보다 도시의 경쟁력이 우세해지자, 사람들은 거대 도시로 이주하였다. 익명의 거대 도시에서도 생존과 경쟁력을 높이기 위해서는 다른 사람과의 협력이 절대적으로 필요하다는 점을 인식하고는, 법과 제도를 바탕으로 한 구조적 신뢰를 구축하였다.

디지털 사회에서도 사람들은 경쟁력 확보와 장기적인 행복을 추구하기 위해서는 다른 사람과의 신뢰와 협력이 중요함을 잘 이해하고 있다. 그런데 4차 산업혁명 사회에서는 능력과 창의성이 있어야 다른 사람들과 협력하여 경쟁력을 높일 수 있다. 따라서 디지털 사회는 자율적이고 상호 의존적인 사회에서 자율적인 개인 간의 신뢰가 구축될 것이다.

디지털 사회의 자율적 신뢰가 지닌 특징을 살펴보면 다음과 같다. 첫째, 디지털 사회의 신뢰는 산업 사회의 신뢰와 달리 개인의 실질적인 행복을 추구하기 위해 형성된다는 가장 큰 특징이 있다. 산업 사회의 구조적 신뢰는 개인의 행복보다는 조직과 사회의 도구적 합리성 증진을 목표로 한다. 조직과 사회 구성원이 법과 제도의 틀 안에서 구조적 신뢰를 증진시키면 조직과 사회의 효율성이 높아지고, 이렇게 증진된 조직과 사회의 효율성은 구성원에게 배분되어 개인의 경제적 삶이 풍요로워진다고 가정하는 것이다. 그러나 산업 사회에서 디지털 사회로 패러다임이 이동함에 따라 산업 사회에서 받아들였던 이 가정은 기능을 발휘하지 못하게 되었다. 더는 조직과 사회의 도구적 합리성 증진이 개인의 행복에 긍정적인 영향을 미치지 못하게 된 것이다. 디지털 사회에서 사람들은 구조적 신뢰와 도구적 합리성이 제공하는 표준화된 삶에 만족하지 않고 자기 삶을 스스로 찾아 나선다. 주어진 정보를 수동적으로 받아들이며 타인이 결정한 구조를 따르지 않고, 넘쳐 나는 정보 중에서 자신에게 필요한 것을 선택하고 능동적으로 참여하여 스스로 결정한다. 신뢰 역시 자신을 위해 스스로 판단한다.

둘째, 자율적인 개인이 신뢰를 주도하고, 자율적이고 상호 의존적인 사회가 이를 지원한다는 점이다. 디지털 사회에서는 이미 프로그래밍된 업무는 인공지능이라는 기계가 대신한다. 산업 사회에서 법과 규정에 따라 주어진 분업화된 업무를 수행하던 근로자는 경쟁력을 상실하여 일용직으로 전락한다. 디지털 사회에서 개인이 경쟁력을 지니고 자기 삶을 살아가려면 어떤 업무를 수행하든 간에 기계로 대체할 수 없는 창의적 업무를 수행해야 한다. 더욱이 전문성의 발달로 인해 어떤 전문가도 다른 전문가와의 협력 없이 홀로 문제를 해결할 수 없다. 모든 사람이 상호 의존적 관계가 되는 것이다. 따라서 독립적인 전문가가 상호 신뢰하고 협력하는 사회적 환경이 형성되어야 한다. 논의를 통해 참과 거짓을 구분하고, 도움이 되는 정보를 생산하는 사람과 다른 사람에게 실질적으로 도움을 주는 사람이 인정받는 자율적이고 상호 의존적인 조직과 사회를 형성해야만 개인의 창의성이 제대로 작동할 수 있다.

셋째, 디지털 사회의 자율적 신뢰는 혈연·지연·학연·종교 등의 연줄뿐만 아니라 국가의 경계까지 넘어선다. 특정한 국가의 법과 제도를 바탕으로 한 산업 사회의 구조적 신뢰의 한계도 넘어선다. 자기만의 삶을 독립적으로 사는 사람은 혈연과 종교, 국경을 넘어서 누구와도 도움을 주고받을 수 있다. 정보의 발달로 전 세계 어느 곳에 살든 실시간으로 연결되고 정보를 공유하기 때문이다.

넷째, 디지털 사회의 자율적 신뢰는 이데올로기로 인한 분열과 갈등을 치유할 수 있다. 자유주의 이데올로기는 자유주의자가 세상을 바라보는 관점이며, 사회주의 이데올로기는 사회주의자가 세상을 바라보는 관점이다. 산업 사회에서 각 이데올로기는 모두에게 둘 중 하나를 선택하도록 강요했으며, 각 개인은 두 이데올로기 중 하나의 틀로 세상을 바라보았다. 결국, 이데올로기의 차이는 사람들의 분열과 갈등을 초래했다. 그러나 디지털 사회의 자율적인 개인은 독립적인 사고를 바탕으로 세상을 바라보고 해석하는 능력을 익혀야 하며, 그래야만 자신이 원하는 삶을 살 수 있다. 하루에도 엄청나게 쏟아지는 다양한 정보의 진위를 가리고 그중 자신에게 필요한 정보를 구분하기 위해서는 자신만의 독립적 관점이 필요하다. 시시각각 변하는 환경에서 법과 제도를 어떻게 개선해야 할지에 대해 적극적으로 자기 입장을 피력해야 한다. 두 가지 이데올로기가 자신만의 사고를 하는 독립적인 인격을 모두 반영하는 것은 절대로 불가능하기에, 자율적인 개인은 이데올로기의 틀 안에서 세상을 바라보길 거부할 수밖에 없다. Bell(1960)의 주장대로 디지털 사회에서 이데올로기는 종말을 고하며, 이데올로기 갈등도 사라지게 된다.

다섯째, 디지털 사회의 자율적 신뢰는 민주적 거버넌스를 가능하게 한다. 전문성의 세분화로 사회의 그 누구도 완전히 독립적으로 살아갈 수 없고, 모두가 서로 도움을 주고받으며 살아갈 수밖에 없다. 자율적인 개인은 정보의 투명성을 통해 누가 자신에게 실질적인 도움이 되는지, 자신이 자율적이고 상호 의존적인 사회에서 어떤 역할을 해야 하는지를 잘 알고 있다. 자신이 참여하여 결정하고 신뢰하며 협력하여야 일차적으로 스스로가, 나아가 조직과 사회가 발전한다는 것을 잘 알고 있다. 민주적 거버넌스가 결국 사회 구성원 모두의 장기적 이익과 경쟁력의 바탕이 되는 것이다.

반면, 디지털 사회의 자율적 신뢰 역시 해결해야 할 과제가 있다. 첫째, 자율적 신뢰는 자율적인 개인을 전제로 한다. 자율적인 개인이란 다른 사람과 사회를 이해하고, 자신만의 독립적인 전문 지식을 지녀 삶을 스스로 개척하며, 자신과 사회의 장기적인 이익을 위해 다른 이와 협력하며 사는 능동적인 사람을 말한다. 디지털 사회는 독립적이고 능동적인, 자율적인 사람을 필요로 한다. 그러한 사람만이 끊임없이 변하는 환경에서 대처하며 생존할 수 있기 때문이다. 산업 사회의 도구적이고 기계적인 인간과 조직은 과거에 프로그래밍된 업무를 효율적으로 수행할 뿐, 변화하는 미래 환경에 대한 문제를 해결하진 못하며, 도리어 장애가 되기도 한다. 특히 국가와 사회를 이끄는 리더가 산업 사회의 패러다임에 갇혀 미래를 제대로 진단하지 못한다면 그 국가와 사회는 디지털 사회에 진입할 수 없으며, 나아가 갈등과 혼란을 일으키게 된다. 실제로 디지털 사회가 도래한 이후에도 모든 사람이 자율적일 수는 없다. 자율적이지 못한 대중이 다수의 힘으로 리더를 선택하고, 국가와 사회의 미래에 결정적인 역할을 할 수 있다. 디지털 사회가 도래했음에도, 산업 사회의 사고로 국가와 사회를 이끌 수 있다.

둘째, 자율적이고 상호 의존적인 신뢰는 자율적인 개인뿐만 아니라 자율적이고 상호 의존적인 조직과 사회를 전제로 한다. 이는 자율적인 개인이 창의성을 발휘하며 역량을 끌어올릴 수 있도록 지원하는 조직과 사회를 말한다. 한마디로 민주적 거버넌스가 가능한 조직과 사회이다. 하지만 디지털 사회가 도래한 후에도 일부 조직과 사회는 여전히 의존적이고 수동적인 상태로 남아 있을 가능성이 높다. 사회 구성원 전체의 이익보다 연줄 집단의 이익을 우선시하는 혈연 집단, 지연 집단, 학연 집단, 종교 집단이 남아서 갈등과 불신을 조장할 수 있다. 자신의 이익을 수호하기 위해 모인 다양한 이익 집단, 이데올로기로 다른 사람을 적대시하는 산업 사회의 구조가 여전히 작동하며 민주적 거버넌스의 작동을 방해할 수 있다.

셋째, 부의 편중에 따른 빈부 격차의 심화이다. 산업 사회에서는 과학 기술의 습득과 전파가 쉽지 않아 자본의 힘으로 과학 기술을 소유한 자본가가 큰 부를 누렸다. 전문 능력을 보유한 중산층 역시 오랫동안 혜택을 누렸다. 대중도 사소하지만 나름대로 기술을 습득하면 독립적인 생활을 할 수 있었다. 그러나 디지털 사회에서는 과학 기술의 습득과 전파가 용이해졌기 때문에 새로운 기술에 의한 새로운 제품의 유효 기간이 얼마 되지 않는다. 예를 들어, 대규모 토목 공사를 수행할 수 있는 전문 능력을 갖춘 기업이 산업 사회에서는 몇 개 되지 않아 대기업이 오랫동안 독점적 지위를 누릴 수 있었다. 하지만 디지털 사회에서는 그보다 작은 중소기업도 대규모 토목 공사 능력을 보유하고 있다.

디지털 사회에서는 경쟁자가 쉽게 모방하기 어려운 창의적 아이디어로 고객에게 새로운 상품과 서비스를 제공해야 많은 부를 창출할 수 있다. 현실적으로 현재 새로운 아이디어와 제품을 내놓고 세계적으로 명성을 쌓으며 발돋움하는 기업의 대부분은 정보 기술 또는 생명공학 기술Bio Technology 등 첨단 기술을 보유하고 있다. 이러다 보니 첨단 기술을 보유한 소수와 그렇지 못한 다수가 구분되어 자연스럽게 산업 사회보다 부의 편중이 심화된다.

요약하면, 디지털 사회의 자율적 신뢰는 자율적인 개인이 자율적이고 상호 의존적인 조직과 사회에서 활발하게 창의성을 발휘하고 협력할 수 있는 배경이 된다. 자율적인 개인은 각자 독립적인 인격과 전문성을 보유하고 있지만, 다른 사람과 협력하는 것이 조직과 사회를 발전시키며, 그로 인한 이익과 혜택은 장기적으로 본인에게 돌아온다는 사실을 이해하기 때문에 자발적으로 신뢰를 형성한다. 하지만 디지털 사회의 자율적 신뢰는 의존적이고 수동적인 다수, 의존적이고 수동적인 조직과 사회에 대해 아직 고려하지 못하고 있고, 심화되는 부의 편중 문제를 해결해야 하는 과제를 안고 있다.

# 디지털 신뢰 사회를 위하여

디지털 사회는 21세기 초반부터 시작되었다. 역사적으로 인류는 한 방향으로 기술을 발전시켰고, 사회를 변화시켰다. 그 방향이란 개인의 생존과 번영, 행복의 추구를 위해 지속해서 생산성을 향상시키는 것이다. 신뢰 역시 마찬가지다. 인류는 원시 사회, 농업 사회, 산업 사회, 디지털 사회를 거치면서 개인의 생존과 번영, 생산성을 향상시키는 방향으로 그 사회에 맞는 신뢰를 발전시켰다.

디지털 기술의 발전으로 인류는 가족과 연고 집단, 국가를 떠나 지구촌 누구와도 대화하고 협력할 수 있게 되었다. 국가 중심적이고 중앙집권적 권력에 의한 산업 사회의 구조화된 틀을 벗어날 수 있게 되었다. 개인 간의 합의를 신뢰할 수 있다면 개인의 자발적인 참여에 의한 자기규율하에 참여자의 공헌도에 따라 이익을 배분할 수 있다. 자신이 보유한 전문성과 창의성이 공정하게 인정받을 수 있다면, 개인의 잠재력이 폭발적으로 현실화될 것이다.

문제는 신뢰이다. 신뢰할 만한 사람을 신뢰하고, 신뢰하지 말아야 할 사람은 신뢰하지 않아야 한다. 전문성과 창의성이 있는 사람은 그만한 대접을 하고, 가짜 전문성과 창의성을 구별할 수 있어야 한다. 블록체인Blockchain이 대안으로 거론되고 있지만 부족하다. 중요한 것은 개인의 성숙도다. 디지털 기술은 신뢰할 것과 신뢰하지 않아야 할 것에 관하여 충분한 정보를 제공하고 있다. 이를 구분하는 일은 결국 개인의 몫이다.

07

# 디지털 격차,<br>행복의 불평등

이민아

이 장에서는 디지털 격차의 현황을 살펴보고 디지털 격차가 어떻게 행복의 불평등을 유발할 수 있는지 논의한다. 디지털 활용이 지식과 정보 획득에 필수적인 요소가 됨에 따라, 디지털 격차는 일반 국민과 디지털 약자 간의 지식 자원 획득, 삶의 기회의 격차를 낳을 수 있으며, 디지털 약자의 사회적 참여와 교류도 제한할 가능성이 있다. 이는 결국 행복의 불평등을 유발하는 요인이 된다. 이러한 맥락에서 디지털 격차 해소는 디지털 약자에게 동등한 권리를 보장하는 길일뿐 아니라 디지털 약자의 행복을 증진하는 데 효과적이다. 디지털 활용이 어떻게 디지털 약자의 행복을 더 효과적으로 증진할 수 있는지 저소득층 아동, 장애인, 노인에 초점을 맞추어 살펴보자.

# 디지털 격차란 무엇인가

## 디지털 격차의 차원: 접근, 이용, 활용

디지털 기술 없이는 살 수 없는 세상이 되었다. 디지털 기술이 그야말로 기본적인 삶의 공간과 양식이 되어 가고 있다. 스마트폰의 각종 애플리케이션, 식당에서의 무인 판매기 이용부터 코로나19로 인해 확산한 비대면 온라인 교육, 사물 인터넷, 클라우드Cloud Computing, 빅데이터, 인공지능, 각종 온라인 서비스 등 디지털 기술은 우리 일상생활과 삶에 이미 깊숙이 자리 잡았다. 스마트폰의 등장과 직관적인 디지털 기술의 발달 등으로 인해, 디지털 기술은 사회 구성원 모두에게 더욱 보편화되었다고 할 수 있다. 그럼에도 불구하고 여전히 학력, 성별, 소득, 직업, 나이, 장애 유무 등 개인의 사회적 조건에 따른 집단 간 디지털 격차Digital Divide가 존재한다.

디지털 격차란 쉽게 말해 사회 구성원이 디지털 기술을 평등하게 사용하지 못함을 뜻한다. 세상에 완벽한 평등이야 존재할 수 없다고 하더라도, 이미 일반화된 디지털 서비스나 교육을 받지 못한다면 이는 보편적인 권리의 문제라고 볼 수 있다. 좀 더 구체적으로 알아보면, 디지털 격차란 디지털 기술에 대한 지식과 정보로의 접근이 계층, 나이 등의 사회적 조건에 따라 불균등하게 나타나는 현상을 지칭하며, 여기에는 접근, 이용,* 활용이라는 세 가지 차원이 존재한다(이기호, 2019). 접근은 가장 기초적인 측면으로 주로 물리적 접근성을 의미한다. 예컨대 컴퓨터나 모바일 기기의 보유, 인터넷 사용 가능 여부를 뜻한다. 한편, 이용이란 디지털 기기의 기본 사용 능력을, 활용은 이용 자체의 수준, 즉 디지털 기기와 인터넷에 대한 양적, 질적 활용 정도를 지칭한다. 접근이 가장 기본적인 조건이라면, 활용은 디지털 기술에 관한 지적 이해와 실제 활용력, 활용 수준에 기반한 질적 격차를 의미한다고 할 수 있다. 컴퓨터나 모바일 기기가 있더라도 유튜브 시청 정도만 할 수 있다면 활용 수준이 높다고는 볼 수 없을 것이다.

우리나라의 경우 지난 몇 년간 접근성은 상대적으로 많이 높아졌지만, 이용과 활용 면에서 여전히 개인의 사회적 조건에 따른 격차가 존재한다. 더구나 디지털 기술이 발전할수록 이 격차가 해소되기보다는 증대할 가능성이 있다. 문제는 디지털 기술이 더욱 발전하고 사회 전반에 보편화될수록 디지털 기술 활용이 개인의 행복과 삶의 질에 미치는 영향이 커질 수 있다는 사실이다. 이는 디지털 격차, 즉 디지털 활용** 여부와 활용 수준에 따라 행복과 삶의 질에 불평등이 발생할 수 있음을

---

* '역량'이라는 용어로 지칭할 때도 많으나, 본 장에서는 아마티아 센Amartya Sen의 '역량Capability' 개념과의 혼동을 방지하기 위해 '이용'으로 지칭한다.

** 여기에서 디지털 활용은 디지털 격차의 세부 지표로서의 활용도가 아니라 디지털 접근, 이용, 활용을 모두 포함하는 종합적 의미에서의 활용을 말한다.

의미한다. 디지털 기술에 대한 접근, 이용, 활용 측면에 취약한 디지털 약자에게 사회적 관심이 필요한 이유다.

## 디지털 격차의 실태: 디지털 약자는 누구인가?

디지털 약자, 즉 디지털 기술에 대한 접근, 이용, 활용 수준이 떨어지거나 제한된 사람들은 누구일까? 정보 취약 계층이라는 말로도 표현되는 디지털 약자가 누구인지 알아볼 필요가 있다. 국가정보화 기본법 제29조와 제48조에 의거하여 진행되는 〈디지털 정보격차 실태조사〉에 따르면, 우리나라의 대표적인 정보 취약 계층에는 장애인, 저소득층, 만 55세 이상의 장노년층(고령층), 농어민이 포함된다(과학기술정보통신부, 한국정보화진흥원, 2019). 디지털 격차 수준은 일반 국민의 정보화 수준을 100으로 가정할 때 정보 취약 계층의 디지털 정보화 수준이 어느 정도인지를 추산하는 방식으로 측정한다. 즉, 100이 일반 국민의 평균 정보화 수준이라면, 이에 미치지 못하는 사람들은 정보 취약 계층, 혹은 디지털 약자라고 할 수 있다.

〈디지털 정보격차 실태조사〉에 따르면, 장애인, 저소득층, 장노년층, 농어민의 디지털 정보에 대한 접근, 이용, 활용 수준을 종합하여 측정한 결과, 2019년 기준 디지털 격차 수준은 69.9를 기록했다. 이는 일반 국민과 비교할 때 정보 취약 계층, 즉 디지털 약자의 정보화 수준이 30%나 떨어진다는 것을 의미한다. 물론 이 차이는 지난 몇 년간 꾸준히 감

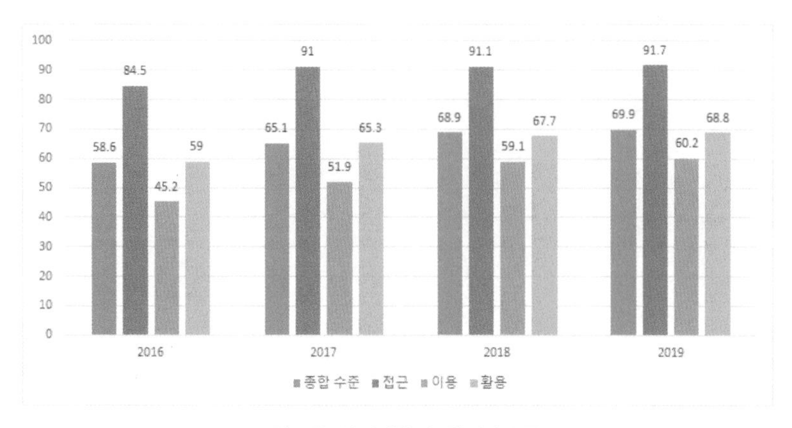


그림 1. 연도별 디지털 정보화 격차 수준

소하고 있다. [그림 1]은 2016년부터 2019년까지의 디지털 격차 수준을 보여주는데, 디지털 정보화의 종합 수준은 기간 내 꾸준히 상승했음을 알 수 있다. 2016년 기준 디지털 격차 종합 점수는 58.8이었으나 2019년에는 69.9를 기록하여 일반 국민 대비 점수가 향상되었다.

그럼에도 디지털 약자의 정보화 수준은 높지 않다고 할 수 있다. 게다가 디지털 격차를 구성하는 세부 지표를 살펴보면, 접근성은 많이 향상되었으나 이용도와 활용도의 격차는 아직도 높은 것을 알 수 있다. 2019년 기준 디지털 약자의 접근성은 91.7로 일반 국민 대비 8.3점 차이밖에 없었으나, 이용도에서는 60.2점, 활용도에서는 68.8을 보여 그 격차가 큰 것으로 나타났다. 즉 컴퓨터나 모바일 기기는 갖고 있으나 실제 이를 사용하는 정도는 일반 국민과 비교했을 때 많이 떨어진다는 것이다. 디지털 약자의 이용도와 활용도를 높여야 디지털 격차의 전체 수준이 감소할 것으로 보인다.

또한 접근성 측면에서 격차가 많이 감소하였다고 해서, 접근성 자체를 무시해도 되는 건 아니다. 접근성의 차이는 여전히 존재하며, 이용도와 활용도의 차이를 낳는 근본적인 원인도 여기 있기 때문이다. 이런 측면에서 특히 디지털 약자로서 주목해야 하는 집단이 있다. 바로 저소득층 아동(그리고 청소년)이다. 저소득층 아동이 경험하는 디지털 격차에 대한 한국의 실태 조사 결과가 명확하지는 않다. 그러나 저소득층의 디지털 접근성이 떨어진다는 것을 고려하면, 저소득층 아동이 일반 가정의 아동보다 디지털 접근성이 떨어질 것이라는 점을 유추할 수 있다. 접근성은 이용과 활용의 전제이므로, 저소득층 아동의 이용도와 활용도가 일반 가정의 아동보다 낮아지는 결과를 가져온다. 가정에서 아동이 자유롭게 사용할 컴퓨터나 모바일 기기가 없다면, 이용도와 활용도가 떨어지는 것은 당연한 결과일 것이다.

저소득층의 가구 컴퓨터 보유율만 따로 살펴보면 저소득층 아동이 겪는 어려움을 좀 더 명확히 예상할 수 있다. 앞서 살펴본 바와 같이 정보 취약 계층의 디지털 접근성, 즉 컴퓨터나 모바일 기기의 보유 및 인터넷 사용 가능 여부는 2019년 기준 91.7점으로, 이용, 활용에 비해 높았다. 세부적으로 도표에 정리하진 않았지만, 저소득층의 접근성 점수는 2019년도 95.2로 상대적으로 높은 수준이다. 그러나 저소득층 아동은 모바일 기기를 개인이 소유하고 있지 못할 가능성이 있다.

[표 1]을 보면, 저소득층 가구의 컴퓨터 보유율은 2017년 67.5%,

표 1. 정보화 취약 계층 가구의 컴퓨터 보유율

| | | 2017 | 2018 | 2019 |
|---|---|---|---|---|
| 전체 국민 | 소계 | 82.6 | 80.3 | 83.2 |
| 취약 계층 | 평균 | 59.9 | 59.1 | 60.3 |
| | 장애인 | 57.8 | 57.3 | 58.6 |
| | 저소득층 | 67.5 | 63.9 | 66.7 |
| | 농어민 | 50.1 | 54.0 | 54.2 |

2018년 63.9%, 2019년 66.7%를 차지하여 거의 정체된 상태다. 이는 장애인과 농어민 가구의 컴퓨터 보유율보다는 높지만, 전체 국민(가구)의 평균(80% 이상)과 비교할 때는 여전히 낮은 편이다. 일반적으로 저소득층 가구의 컴퓨터 보유율이 낮다는 것은 해당 가구 내 아동의 디지털 접근성이 떨어질 가능성이 있다는 의미로 해석된다. 저소득층 가구의 컴퓨터 보유율이 저소득층 아동의 디지털 접근 자체에 영향을 미칠 수 있다는 점을 고려할 필요가 있다.

특히 2020년 코로나19 확산으로 인해 원격 수업이 보편화되어 디지털 격차가 더욱 중요해진 상황이다. 저소득층 아동의 디지털 격차는 교육 격차로 이어질 수 있다. 원격 수업은 인터넷 연결이 가능한 컴퓨터 등의 기기 없이는 불가능하다는 점에서, 취약 계층 아동의 교육 참여가 더욱 어려워진 상황이다. 교육부가 2020년 3월 기준 학교 67%를 조사한 결과에 따르면, 스마트 기기가 없는 학생이 17만 명에 이르는 것으로 나타났다(동아사이언스, 2020.03.31.). 전국의 초중고생이 540만 명으로 추산된다고 하니, 전체 학생 중 약 3%의 학생은 스마트 기기가 없는 것이다. 이와 같은 저소득층 아동에 대한 사회적 고려가 필요하다.

## 디지털 격차는 행복의 불평등을 낳는다

디지털 격차가 행복의 불평등을 낳는다는 말이 의아하게 들릴지도 모르겠다. 그러나 디지털 기술이 현대 사회에서 개인의 삶과 일상생활에 미치는 영향력이 점점 더 커지고 있는 만큼, 디지털 기술의 활용 여부와 수준에 따라 행복의 수준도 달라질 수 있다. 디지털 약자의 경우 다른 일반 국민보다 개인이 누릴 수 있는 삶의 기회와 자원이 제한되고, 결국 삶의 질이나 행복 수준이 낮아질 수 있다. 일례로 코로나19 상황을 생각해 보자. 디지털 기술을 활용한 원격 교육, 업무, 의사소통, 대인관계 유지 등이 필수적인 상황에서의 디지털 격차는 개인에게 실질적인 경제적 손해뿐 아니라 좌절감, 외로움, 고립감 등 부정적인 감정까지 준다.

개인의 행복과 삶의 질에 영향을 미치는 요소는 다양하지만, 여러 행복 연구가 일관되게 보여 준 가장 영향력 있는 요소로는 첫째로 계층(사회·경제적 지위)을, 둘째로 사회적 관계를 포함하는 사회적 참여Social Participation를 들 수 있다. 즉 어느 정도의 물질적 여건을 충족하고, 타인과 교류하며 어울려 사는 삶이 행복에 가장 중요하다는 것이다. 물론 계층을 구성하는 요인 중 소득이 행복을 온전히 결정하는 것은 아니다. 살아가는 데 돈은 꼭 필요하긴 하지만, 어느 수준 이상의 물질적 여건이 충족되면 소득은 행복을 더 향상시키지 못한다. 하지만 일반적으로 소득, 교육, 직업 등의 계층 조건이 좋을 때, 즉 어느 수준 이상의 물질적, 사회적 여건이 충족될 때 개인은 행복할 수 있다. 더불어 타인과 긍정적인 관계를 맺거나 사회 활동에 참여하면서 살아가는 것이 개인의 행복에 있어 핵심적이다. 디지털 기술 활용은 이 두 가지 조건에 모두 영향을 미칠 수 있다는 점에서 그 중요성이 더욱더 커지고 있다. 핵심은 디지털 격차가 집단 간 지식 격차로 이어져 사회·경제적 지위, 즉 계층의 세대 간 재생산을 낳을 수 있으며, 사회적 관계 형성과 유지를 포함하는 넓은 의미의 사회적 참여에 영향을 미칠 수 있다는 사실이다. 디지털 활용과 활용 역량이 행복의 불평등을 낳는 기제가 될 수 있는 이유다. 그것이 어떻게 가능한지, 좀 더 구체적으로 알아보자.

## 디지털 시대의 지식 격차

현대 사회에서 디지털 격차는 지식 격차로 이어진다. 이는 곧 개인의 계층 지위, 물질적 조건에 영향을 미친다. 디지털 격차가 지식 격차로 이어진다는 것은 디지털 기술을 잘 활용하는 사람은 그렇지 못한 사람보다 지식을 쌓는 데 더 유리하다는 것, 즉 디지털 기술의 활용에 따라 개인이 지닌 지식 자원의 양과 수준이 달라진다는 것을 의미한다. 지식의 수준에 따라 개인의 직업, 소득의 수준이 결정됨은 물론이다.

지식 격차 이론의 초기 연구자인 필립 티치너Philip Tichenor 등은 지식을 일반적이고 보편적인 관심사로서 다양한 매체에 의해 다뤄지는 지속성 있는 정보로 정의하였다(윤석민, 송종현, 1998). 이러한 정보를 획득하거나 이해하고 활용하는 수준이 개인의 교육 수준과 같은 사회적 조건에 따라 달라진다는 사실은 잘 알려져 있다. 여기에 디지털 기술의 활용 능력이 중요한 요인으로 등장했다. 디지털 기술의 활용 능력에 따라 지식 격차가 더 확대될 수 있다는 것이다.

앞서 논의한 바와 같이, 디지털 기술이 직관적으로 발전하였다 하더라도 디지털 약자는 여전히 접근성에서부터 불리하다. 접근성이 떨어진다면 결국 디지털 기술을 습득하거나 활용할 기회가 제한되며, 이에 따라 개인의 디지털 활용 능력은 떨어질 수밖에 없고, 결국 지식 격차가 발생한다. 더구나 현대 사회의 디지털 환경은 전통적인 미디어와 비교해 보았을 때 심화된 숙련 기술을 필요로 한다. 단순히 비유하자면, 도서관에 가서 서가를 둘러보며 책을 찾을 때보다 온라인 도서관에서 필요한 자료와 논문을 찾고 조합하는 것이 더 어렵다는 것이다. 디지털 공간이 다양한 콘텐츠와 높은 수준의 사용자 제어 가능성을 제공하긴 하지만, 정보를 찾기 위한 단서는 더 적기 때문에 지식 차이를 높일 수 있다는 지적도 고려할 필요가 있다(Wei et al., 2010). 말 그대로 지식과 정보의 바다에서 무엇을 어떻게 찾을지, 어떻게 활용할지 판단하는 능력이 중요해진다.

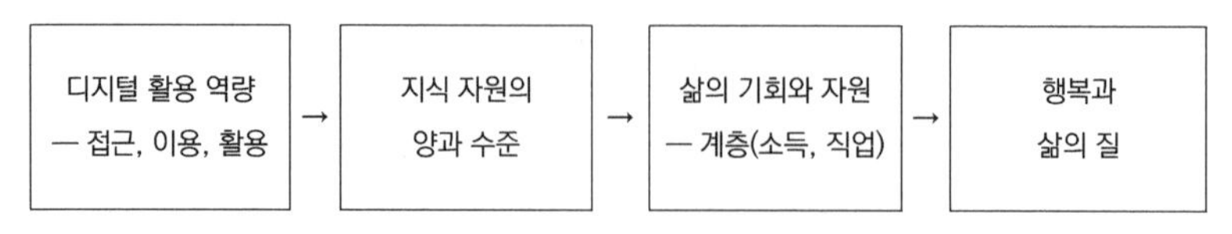


그림 2. 디지털 격차, 지식 격차와 행복의 관계도

이 지점에서 디지털 리터러시 개념을 고려할 필요가 있다. 디지털 리터러시는 네트워크, 디지털 기술과 같은 정보통신 기술Information and Communication Technology(ICT)을 활용하는 능력을 포함하여 지식, 정보 등을 융합해 해석하고 새로운 의미를 창출하는 능력까지 일컫는다(성욱준, 2014). 디지털 리터러시가 높을 때 지식 수준이 높아지고 결과적으로 개인에게 더 많은 삶의 기회가 열린다. 디지털 활용 능력이 정보 사회와 기술에 대한 지식 수준에 영향을 미치며, 이 디지털 역량이 개인의 사회·경제적 지위보다 지식 수준에 더 중요한 영향을 미친다는 이민상(2020)의 연구 결과는, 디지털 활용 능력이 지식 수준, 즉 집단 간 지식 격차를 낳는 중요한 요인임을 함의한다. 특히 아동기와 청소년기의 디지털 리터러시, 지식 수준은 개인 삶 전체의 기회와 선택의 폭에 영향을 주며, 성인기의 사회·경제적 성취 수준에 영향을 준다. 이런 점에서 지식 격차는 궁극적으로 계층 재생산의 기제가 된다.

## 사회적 참여와 배제

행복에 영향을 미치는 또 하나의 축은 사회적 참여라 할 수 있다. 타인과의 사회적 관계 맺기를 포함하는 사회적 참여는 행복의 기본 요소이다. 사회적 참여란 말 그대로 개인이 다양한 사회 활동에 참여하면서 타인과 교류하고 의사소통하는 것을 의미한다. 모든 인간은 사회적 관계를 떠나서는 살 수 없다는 인간 사회의 기본적인 전제를 생각해 보면, 사회적 참여가 삶의 질과 행복에 미치는 영향력을 상상할 수 있다. 물론 사회적 참여가 단순히 타인과의 사적 교류나 의사소통만을 의미하는 것은 아니다. 사회적 참여는 사회 구성원으로서 기본적인 삶의 질을 위해 필요한 모든 활동을 포함한다. 개인은 경제, 정치, 시민적 활동, 공공서비스 수혜 등 여러 영역에서 정보와 자원을 획득할 권리가 있고, 그 과정에서 타인과 교류하며 자신의 목소리를 낼 수 있어야 한다. 이는 사회적 고립을 막는 일이자 행복과 삶의 질을 높이는 길이다.

반면, 사회적 배제Social Exclusion는 사회적 참여나 사회적 포섭Social Inclusion과 반대되는 개념으로서, 전통적인 빈곤 개념이 경제적 결핍이나 박탈만 강조했던 한계를 벗어나기 위해 발전하였다. 이는 특정 개인이나 집단이 사회 구성원에게 열려 있는 기회, 공간, 시장, 서비스 등에 참여하지 못하는 상황을 일컫는다. 유럽연합은 사회적 배제를 실업, 저숙련, 저소득, 열악한 주거, 나쁜 건강 상태 등 여러 문제가 결합하여 복합적으로 발생하는 문제로 규정한다(김안나, 2007). 일반적으로는 개인이 사회, 경제, 정치 활동에 참여할 수 없어 권리를 제약당하고 있는 상태로 규정할 수 있다. 결국, 인간의 삶에 중요한 사회적 활동에서 제외되지 않을 때, 개인이 사회적 배제의 경험 없이 살 수 있을 때 행복의 수준은 올라갈 수 있다.

현대 사회에서 디지털 기술의 중요성이 점점 더 확대되면서, 디지털 공간에서의 배제를 고려할 필요성이 대두되었다. 공공 서비스, 사회 서비스, 그리고 사회적 관계의 영역에서 디지털 기술의 영향력이 더욱 커지고 있기 때문이다. 나아가 디지털 공간은 오프라인 생활 세계만으로는 충족되지 않는 삶의 공간이 되고 있다. 거의 누구나 온라인 세상에서 지식을 쌓고, 사람들과 교류하고, 여가를 즐긴다. 이러한 상황에서 디지털 격차로 인해 온라인 세상에 참여할 수 없다면 어떨까? 온라인으로 제공되는 공공 서비스, 사회 서비스에 관한 정보 자체를 알 수 없다면 어떤 상황이 벌어질까? 디지털 격차는 온라인 세상에 자리 잡은 사회적 관계와 사회 서비스 영역에서 디지털 약자가 배제되는 상황을 낳는다. 이제 디지털 격차는 사회적 배제의 여러 영역과 직접 관련하며, 사회 구성원으로서의 기본적인 권리의 문제가 되고 있다.

## 디지털 활용이 디지털 약자의 행복에 더 이로운 이유

디지털 활용은 디지털 약자의 행복에 매우 중요하며, 특히 일반 국민의 행복보다 디지털 약자의 행복을 더 크게 증진시킬 수 있다. 앞에서 언급한 것처럼 디지털 약자는 일반적으로 저소득층, 노인 등의 취약 집단이며, 이 취약 집단은 행복에 중요한 영향을 미치는 소득, 계층 지위, 사회적 참여 등의 측면에서 불리한 위치에 처해 있다. 다시 말해 소득과 교육 수준이 낮고, 사회적 교류와 관계가 원활하지 못할 가능성이 높다. 이러한 상황에서 디지털 기술의 활용 능력을 증진하는 일은 단순히 디지털 기술에 대한 평등권을 높일 뿐만 아니라 디지털 약자의 행복에 더 큰 효용을 발생시킬 가능성이 있다. 아래서는 아마티아 센의 역량 접근Capability Approach과 대체 자원Resource Substitution 이론, 보상 평준화Compensatory Leveling 현상을 살펴보고, 저소득층 아동, 장애인, 노인 등 대표적인 디지털 약자 집단의 디지털 활용이 어떻게 행복을 증진시킬 수 있는지 논의하고자 한다.

## 역량 접근과 디지털 활용

아마티아 센은 경제학자이자 철학자이며 불평등과 사회 정의에 관한 연구로 저명하다. 그는 불평등을 줄이기 위한 길로 사회적 약자의 역량Capability을 높여야 한다고 주장했다. 아마티아 센(2013)의 역량 접근은 디지털 시대에 목도할 행복의 불평등에 대해서도 중요한 함의를 제공한다. 센에 따르면, 삶의 중요한 요소로서 기능Functioning과 역량을 고려해야 한다. 여기서 기능이란 (물질적, 비물질적인 차원을 모두 포함하여) 인간이 가치 있다고 평가하는 것이며, 역량이란 이러한 기능을 개인이 달성하거나 선택할 수 있는 자유이다. 예를 들면, 우리는 모두 건강하고 자신이 하고 싶은 일을 하며 살기를 바라는데, 이때 건강과 바라는 직업이 바로 일종의 기능이라고 할 수 있다. 또한 센은 이러한 기능을 선택할 수 있는 자유의 확대가 진정한 의미의 발전임을 주장하였다. 다시 말해 자신이 되고 싶은 것Being이 되고, 하고 싶은 일을 하는Doing 실질적 자유Substantive Freedom가 개인에게 중요하다는 것이다(김경희, 정은희, 2012). 인간의 삶의 질과 행복을 증진하는 것은 개인이 추구하는 가치 있는 삶을 살 수 있도록 개인의 역량을 확대하는 일이며, 따라서 행복을 위한 역량의 평등이 중요해진다. 이것이 사회 정의이다. 즉 센은 실질적 자유의 정도를 평등과 정의의 기준으로 내세웠다고 할 수 있으며, 그에 따르면 역량의 평등은 궁극적으로 삶의 질과 행복의 불평등을 없애는 길이 된다.

아마티아 센이 기능과 역량을 논의하면서 강조했던 부정의한 상태, 즉 역량이 박탈된 상태는 바로 빈곤이었다. 빈곤은 현대 사회에서도 여전히 개인의 삶에 중요한 영향을 미치는 요인이다. 그것은 건강, 교육수준, 사회적 참여와 관계 등 인간의 삶에서 중요한 여러 기능의 성취 여부에 큰 영향을 준다. 센의 역량 접근에 기반하면, 빈곤과 더불어 장애나 저학력 등도 불평등한 역량 박탈 상태로 해석할 수 있다. 장애가 있거나 학력이 낮은 사람은 자기 삶에 의미 있는 기능을 추구하거나 선택할 수 있는 자유가 제한될 수 있기 때문이다. 이러한 측면에서 실질적 자유를 확장하기 위해서는 부자유의 원인을 제거하고 사회적 약자의 역량을 증진할 필요가 있다. 그것이 사회 정의이자 개인의 자유를 확장하는 것이며, 모두의 행복을 위한 일이다.

앞서 언급했듯이, 현대 사회에서는 점점 더 디지털 활용 능력, 센의 '역량'이라는 표현을 빌리면, 디지털 역량이 중요해진다. 즉 디지털 역량이 더욱더 개인 삶의 질과 행복을 조건 짓는 요인이 될 수 있다. 센의 논리를 적용하면, 디지털 기술 활용이 보편화된 시대에 디지털 기술에 접근할 수 없거나 그것을 활용할 수 없다는 것은 개인의 실질적 자유가 보장되지 않는 역량 제한 혹은 박탈 상태라고 할 수 있다. 또한 이러한 제한이 특정 집단에 집중된다면, 즉 특정 집단에 속한 개인은 역량을 박탈당할 가능성이 더 높다면, 이는 중요한 사회적 문제이자 부정의한 상태로서 이 집단의 실질적 자유를 확장하기 위한 노력이 필요하다. 디지털 역량의 중요성이 증대하는 만큼, 디지털 역량의 격차는 상대적으로 불리한 위치에 있거나 능력이 낮은 집단에 더 심각한 도전이 될 수 있다. 디지털 역량은 개인이 자신이 원하는 것을 선택하는 자유를 보장하는 데 있어서 점점 더 필수적인 요인이 되고 있는 것이다.

### 대체 자원으로서의 디지털 활용

살아가면서 필요한 자원에는 여러 가지가 있지만, 개인의 행복과 자아실현을 위해 필요한 자원으로서 교육을 빼놓을 수 없다. 교육 수준이 높을수록 개인이 원하는 직업이나 경제적 자원을 성취할 가능성이 높다. 이제는 일반적인 의미의 교육 수준, 즉 학력뿐 아니라 디지털 역량에 기반한 디지털 활용 및 지식 수준도 개인의 자아실현에 꼭 필요한 자원이 되었다.

많은 사람이 사용하는 디지털 기술이 그 무엇보다도 디지털 약자의 행복에 도움이 된다면 어떨까? 디지털 활용은 다른 자원이 부족한 디지털 약자의 삶에 중요한 전환을 일으킬 수 있다. 아이러니하게도 디지털 활용이 보편화될수록 일반인의 디지털 기술 활용의 효용성에는 한계가 발생할 수 있다. 누구나 가진 물건은 그 가치가 떨어지는 것과 마찬가지다. 그러나 다른 자원이 부족한 취약 계층에게는 디지털 기술의 활용이 결정적인 역할을 할 수 있다. 약자의 역량을 높여 공정한 기회를 얻게 하고, 이전에 하지 못했던 일을 가능하게 하는 효용성 높은 자원으로서 그 역할을 할 수 있다.

대체 자원 이론은 개인의 디지털 역량 향상이 특히 디지털 약자의 행복에 더 이로울 수 있다는 점을 주장하는 데 이론적 근거를 제공한다. 사실 대체 자원 이론은 사회적 약자의 건강에 미치는 교육 수준의 효과를 분석하는 과정에서 발전하였다(Ross & Mirowsky, 2011). 개인의 교육 수준이 건강과 행복에 긍정적인 영향을 미친다는 사실은 잘 알려져 있다. 일반적으로 교육 수준이 높은 사람일수록 건강하며 행복 수준이 높다. 대체 자원 이론은 그러한 긍정적 효과가 사회적 약자, 저소득층 출신의 사람에게 더 강하게 나타난다는 점에 주목한다. 즉 다른 자원이 부족한 사람들에게 있어서, 교육 수준이 더 결정적이고 긍정적인 영향을 미친다는 것이다. 다른 자원도 가진 사람들에게 있어 교육은 여러 자원 중 하나일 뿐이며, 따라서 대체 자원이 상대적으로 풍부하기에 교육 수준에 크게 의존하지 않는다. 반면 자원이 상대적으로 부족한 사람들에게 교육은 훨씬 큰 효과를 발휘한다. 이는 저소득층 가족 출신의 개인이 교육 수준을 통해 더 큰 성취를 보인다는 사실로 뒷받침된다. 불리한 가족 배경을 지닌 사람들은 그 자신의 교육 수준이 높을 때 가족 배경을 훨씬 더 뛰어넘는 긍정적인 결과를 보인다는 것이다.

이를 보상 평준화 현상으로도 표현할 수 있다. 자원이 부족한 사회적 약자는 특정 자원을 가졌을 때 여러 자원을 가진 사람들의 이익과 비슷한 수준으로 이익을 극대화한다(Schafer et al., 2013). 반대로 다른 자원이 부족한 사회적 약자가 교육 수준마저 낮다면, 이중의 불리함Doubled Disadvantages으로 개인 삶의 질과 행복 수준이 더 떨어지리라 예상할 수 있다.

디지털 기술의 활용이 중요한 지식 자원이 되어 가는 현실에서, 대체 자원 이론과 보상 평준화는 중요한 함의를 제공한다. 저소득층 아동, 장애인, 노인 등 사회적 약자가 일반적으로 활용할 수 있는 자원은 한정되어 있다. 각 집단이 경험하는 실질적인 불리함은 집단에 따라 다를 수 있으나 소득, 교육 기회, 활동성, 사회적 관계 등의 측면에서 취약한 것이 사실이다. 이러한 상황을 고려할 때, 사회적 약자에게 있어서 디지털 활용은 일반 국민보다 더 큰 효용을 가질 수 있다. 다른 자원이 부족한 상황에서 오히려 역량의 확대와 그로 인한 불리함의 격차를 줄일 수 있는 것이다. 디지털 격차의 해소는 당위적인 구호가 아니라 디지털 약자의 삶에 더 이로운 것이며, 행복의 불평등을 감소시키는 데 더 효과적일 수 있다는 점에 주목해야 한다.

## 디지털 활용은 어떻게 디지털 약자의 행복을 증진할 수 있나

### 저소득층 아동: 역량 증진과 기회의 평등

부모의 학력, 소득, 지위에 따른 제한 없이 아동이 자신의 능력을 계발하고 원하는 삶과 진로를 선택할 수 있게 하는 일은 아동 개인의 삶의 질과 행복을 위한 것일 뿐 아니라 사회 정의 차원에서도 가치 있는 일임이 분명하다. 센의 역량 접근에 의하면 역량의 평등은 삶의 질 향상에 핵심적 관건이며, 그러한 의미에서 저소득층 아동이 역량을 확대할 수 있도록, 즉 기능을 추구하고 선택하는 자유를 누릴 수 있도록 해야 한다. 센이 빈곤의 중요성을 지적하였듯이, 가족의 빈곤이나 계층이 아동의 성취에 큰 영향을 미친다는 사실은 잘 알려져 있다. 아동에 관한 연구들은 빈곤층, 저소득층 아동의 학업 성취와 발달이 일반적으로 낮다고 보고한다. 소득의 영향이 고소득층보다 저소득층 아동에게 더 큰 영향을 미친다는 김광혁(2010)의 연구는 대체 자원이 없는 저소득층에게 소득으로 인한 타격이 더 클 수 있다는 점을 함의한다.

디지털 역량의 의미도 이와 유사한 맥락에서 고려할 수 있다. 저소득층 아동은 소득, 생활 환경, 교육 여건 등 여러 측면에서 취약한 위치에 있다. 여기에 디지털 역량마저 부족하다면 이중의 불리함이나 역경Adversity에 처한다. 디지털 역량을 높일 수 있다면 다른 불리한 조건을 극복할 수 있는, 즉 보상 평준화가 가능할 것이다. 만약 디지털 기술의 접근성에서부터 격차가 발생한다면 아동의 디지털 역량도 계층별로 차이가 있을 수밖에 없고, 이는 곧 역량의 평등을 성취할 수 없음을 의미한다. 센의 말을 빌리면, 부정의한 상황이 되는 것이다.

아동에게 디지털 격차는 기회의 상실을 의미한다. UNICEF(2017)는 디지털 세계에서의 아동을 조명하고 디지털 기술을 활용한 온라인 연결Connectivity이 아동의 잠재력을 키워 세대 간 빈곤의 재생산 고리를 끊을 수 있는 게임 체인저가 될 수 있음을 천명한 바 있다. 디지털 역량과 지식은 저소득층 아동에게 더 확장된 삶의 기회를 가져다줄 수 있다. 저소득층 아동의 디지털 역량을 키우는 일은 기회의 평등을 실현하는 일이며, 기회의 평등은 인간의 존엄과 가치 및 행복 추구권을 보장하기 위한 전제 조건이다.

장애인의 사회적 참여는 비장애인보다 제한적일 때가 많다. 신체적, 정신적, 기능적 장애를 지닌 장애인은 비장애인이 당연하게 누리고 경험하는 사회적 활동에 참여하기가 어렵다. 특히 장애인은 비장애인과 다름없이 정치적 목소리를 내며 공공 정책의 결정 과정에 참여할 권리가 있음에도, 현실에서는 이러한 참여가 종종 제한됨을 볼 수 있다. 즉 장애인은 정치적 정보와 참여의 접근성에서 어려움을 겪는다. 이러한 현실 때문에 장애인은 자신이 정책이나 정치 시스템에 영향을 미칠 수 있다고 생각하지 않는 경향이 있다(Schur et al., 2003). 이는 장애인의 낮은 임파워먼트Empowerment로 이어진다.

그러나 최근에는 디지털 기술이 장애인의 의사소통, 사적 교류 측면에서만이 아니라 정치적, 시민적 참여에도 변화를 일으킬 수 있다는 기대가 높아지고 있다. 정치 활동이나 정책 참여가 온라인으로 이루어질 때가 많아진 현 상황에서, 디지털 기술과 정보통신 기술은 물리적 제한을 넘어 장애인의 활동 반경을 넓히면서 신체적, 기능적 제한의 영향력을 줄이고 보완할 가능성이 있다는 것이다(Tsatsou, 2020). 정치적 참여, 정책 결정 과정에 목소리를 내게 되면 장애인의 삶과 복지에 긍정적인 역할을 할 수 있음은 물론이다. 장애인의 디지털 접근, 이용, 활용 수준 모두 정책 활동 만족도에 긍정적인 영향을 미친다는 이항수, 이성훈(2018)의 연구 결과는, 장애인의 디지털 활용이 시민적 참여Civic

Engagement를 높이고 이를 통해 정책에 대한 접근성과 영향력을 높일 수 있음을 보여 준다.

이러한 맥락에서 임파워먼트 개념에 주목할 필요가 있다. 심리적, 개인적 차원의 임파워먼트는 개인이 자기 삶을 살아가는 데 있어 내적 힘을 갖는 것, 즉 독립적인 인간으로서 스스로를 인지하고 자신감을 높이며 긍정적인 자기 믿음을 부여하는 과정이라고 할 수 있다(이미선, 2016). 다시 말해 그것은 자신의 권리, 감정을 표현함으로써 스스로 자신감과 긍정적 자기 믿음을 지니는 상태를 말한다. 이러한 임파워먼트는 행복과 삶의 만족도를 높이는 심리적 자원이다. 자신이 무언가를 할 수 있다는 믿음이 없다면, 행복하긴 어려울 것이다.

개인적, 심리적 차원의 임파워먼트는 사회적 차원으로 확장될 수 있다. 장애인은 자신의 권리와 이해에 기반한 정치적, 사회적 활동에 참여하고 목소리를 냄으로써, 자신도 타인의 생각과 행동, 느낌에 영향을 줄 수 있다는 믿음, 사회 구성원으로서 해야 할 일을 잘할 수 있다는 믿음을 형성하는 경험과 기회를 얻는다(김동진, 양선석, 2018). 이는 궁극적으로 조직화, 집단화를 통해 사회에 목소리를 내는 정치적 임파워먼트로 나아가게 된다.

교육이 장애인의 임파워먼트를 위해 매우 중요한 요인임은 잘 알려진 사실이다. 이제는 전통적인 의미의 교육뿐 아니라 디지털 역량을 키우는 일이 장애인의 시민적 참여를 포함한 사회적 참여와 임파워먼트를 위해 중요해졌다. 현재 정부의 정책 결정을 보면, 온라인에서 형성되는 여론에 영향을 받는다는 것을 알 수 있다. 일례로 국민 청원은 사람들이 의견을 표출하는 장으로서, 사회적 이슈가 된 청원은 정치적 결정에 영향력을 행사하기도 한다. SNS 등에서 형성되는 담론과 의견 표출의 사회적 영향이 상당하다고 할 수 있다. 이러한 시대에 장애인에게 디지털 활용의 길이 열린다면 좀 더 적극적이고 효율적으로 자신의 의견과 목소리를 낼 수 있을 것이다.

장애인의 디지털 역량이 장애인의 삶과 권리의 측면에서 매우 중요한 시대가 되었다. 이런 맥락에서 장애인의 디지털 활용이나 역량은 더 높아져야 한다. SNS를 통한 소통은 심리적 임파워먼트를 증진하고 개인뿐 아니라 사회 구성원으로서의 정치적 임파워먼트로까지 확장될 수 있다. SNS와 온라인 참여는 장애인이 물리적 제한 없이 자신의 의견을 표출할 수 있게 하며, 정부의 정책에 대한 접근성을 높이기 때문이다. 지적 장애인을 대상으로 연구한 Shpigelman(2018)은 SNS 사용이 장애인 간의 사회적 연계를 높인다는 점을 보여 준 바 있다. 디지털 활용은 장애인의 제한된 활동 공간을 넓히며, 이는 장애인의 삶에 매우 결정적인 자원으로 작동할 수 있다. 장애인 간의 사회적 교류의 수준이 높아진다면 이는 소속감, 온라인 세계에서의 가시성 등을 높여 행복에 영향을 미친다. 사회적 참여가 막혀 있는 장애인에게 디지털 기술은 매우 의미 있는 대안이 될 수 있으며, 그러한 면에서 큰 효용을 갖는다고 할 수 있다.

## 노인: 자아 효능감과 사회적 교류

노년기의 행복에서 가장 중요한 요인은 무엇일까? 노년기의 행복과 삶의 질에 영향을 미치는 주요 요인으로는 경제적 안녕과 건강을 들 수 있겠지만, 이와 더불어 가장 중요한 요인의 하나로 꼽히는 것은 가까운 사람들과의 교류이다. 노년기를 흔히 쇠락, 우울, 의존 등 부정적인 의미로 표상하지만, 이는 편견이며 실제로 많은 노인이 생계, 일, 부양 등의 부담에서 벗어나 자아를 실현하고, 가족뿐 아니라 친구, 이웃 등 가까운 사회적 관계에 집중하며 삶을 긍정적으로 꾸리기 위해 노력한다. 그러한 의미에서 노인의 행복에 가장 중요한 요소는 가까운 사회적 관계라고 해도 과언이 아니다. 즉 생계와 노동의 기간을 지나 가까운 타인과 즐거움을 느끼며 살아가는 것이 노년기의 행복에 있어 결정적이다.

문제는 건강, 경제적 여건, 코로나19 상황 등으로 인해 자유롭게 타인과 이야기하고 소통하며 사회적으로 교류할 수 없는 노인이 많다는 사실이다. 이러한 상황에서 디지털 활용은 노인의 사회적 교류를 활성화하고 노년기 사회적 고립의 가능성을 줄여 행복을 증진시킬 수 있다. 더불어 디지털 기술을 습득하고 활용하면서 자아 효능감이나 자아 존중감에도 긍정적인 영향을 줄 수 있다.

디지털 기술의 활용이 노인의 자아 존중감과 통제력을 높인다는 사실은 많은 연구가 보여 준 바 있다. 자아 존중감과 통제력은 행복에 중요한 요인이며, 일반적으로 자아 존중감과 통제력이 높을수록 행복도가 높다. 디지털 활용은 다른 세대보다 특히 현재 노인 세대의 자아 존중감에 긍정적일 수 있다. 이는 역설적으로 디지털 기술의 습득이 현재 노인 세대에게는 넘기 어려운 허들과 같은 것이기 때문이다. 일반적으로 노인 인구의 디지털 활용 수준이 낮다는 점을 고려할 때, 디지털 기술을 익히고 사용하는 노인은 그 뿌듯함과 만족도가 다른 세대에 비해 더 클 수 있다.

더불어 가까운 가족, 타인과의 관계가 중요해지는 노년기에는 디지털 기술이 사회적 교류를 증대시킴으로써 행복에 결정적인 영향을 미칠 수 있다. 노인이 디지털 기술을 잘 활용할수록 가족이나 친구 등 가까운 지인과의 접촉, 만남의 빈도가 높아지며, 이는 외로움을 줄이고 사회적 통합도를 높임으로써 결과적으로 행복도를 높인다(Chopik, 2016). 특히 건강상의 문제, 코로나19 확산 등으로 운신이 어려운 노인의 경우에는 디지털 기술 활용의 효용이 매우 커진다. Fang et al.(2018)에 의하면, 인터넷이나 모바일 기기를 얼마나 자주 사용하는지 측정한 디지털 활용 수준은 노인 중에서도 75세 이상의 고령층 노인에게 더 이로우며, 특히 신체적으로 쇠약한 노인의 심리적 안녕Psychological Well-being에 긍정적인 영향을 미친다. 이러한 긍정적인 영향은 디지털 활용이 가족과의 접촉 빈도를 높임으로써 강화되는 것으로 나타났다. 즉 신체 기능이 저하되면서 사회적 활동이 제약받을 때 디지털 기술을 활용할 수 있다면, 노인의 심리적 만족과 행복을 보완할 수 있다. 노인이 SNS를 사용할수록 떨어진 신체 기능이 행복Well-being에 미치는 부정적인 영향이 줄어든다는 van Ingen et al.(2017)의 연구도 이를 뒷받침한다. 이처럼 디지털 활용은 노인이 처한 현실의 어려움을 극복하거나 보완할 수 있게 해주며, 그럼으로써 노인의 행복에 매우 큰 효용을 발생시킬 수 있다.

## 디지털 활용과 행복 추구권

누구나 행복할 권리가 있다. 그러나 현실에서의 행복은 개인의 사회적 조건에 따라 불평등하게 형성되며, 그 뿌리에는 자원의 불평등한 분배가 있다. 소득, 나이, 계층 등 행복에 영향을 미치는 전통적 요인과 더불어 이제는 디지털 활용과 역량을 고려해야 한다. 누구나 제한 없이 디지털 역량을 키우고 선택할 수 있다면, 행복의 불평등이 감소할 수 있기 때문이다. 더구나 디지털 활용은 디지털 약자의 행복에 더 이롭다. 디지털 기술을 활용함으로써 자기실현의 기회를 증대하고, 사회적 관계의 양적·질적 증가, 자아 효능감의 증진을 꾀할 수 있다. 더불어 디지털 약자의 디지털 역량 증대, 즉 디지털 격차의 해소는 기회의 평등과 사회적 약자의 임파워먼트 증대로 이어질 수 있음을 인식할 필요가 있다. 이는 저소득층 아동, 장애인, 노인뿐만 아니라 그밖의 취약 계층 모두에게 해당할 것이다.

현 시대에서 디지털 활용과 역량 증진은 개인의 행복 추구권에 해당하는 기본권이라 할 수 있다. 행복 추구권은 헌법이 보장하는 기본권의 하나로, 〈헌법〉 제10조는 "모든 국민은 인간으로서의 존엄과 가치를 가지며, 행복을 추구할 권리를 가진다"라고 규정하고 있다. 디지털 격차가 개인의 행복과 삶의 질에 큰 차이를 낳을 수 있는 현실에서, 행복을 추구하기 위한 기본적 권리로 디지털 활용을 바라볼 필요가 있다. 나아가 〈헌법〉 제31조 제1항은 "모든 국민은 능력에 따라 균등하게 교육을 받을 권리를 가진다", 제5항은 "국가는 평생교육을 진흥하여야 한다"라고 규정하고 있다. 디지털 격차가 행복을 형성하는 데 중요한 요인이 된 지금, 디지털 격차의 해소를 행복 추구권이라는 기본권의 측면에서 접근할 필요가 있다. 더불어, 교육받을 권리는 사회 구성원으로서 자신의 잠재적 능력을 개발하여 사회에서 배제되지 않고 살아갈 수 있는 기초이다. 디지털 역량을 키울 수 있는 교육을 디지털 약자에게 제공하고, 디지털 격차를 해소하기 위해 적극적으로 조치하는 것은 디지털 시대의 정부가 맡아야 할 책임이다.

**그림과 표의 출처**

**표 1.** 과학기술정보통신부, 〈디지털정보격차실태조사 통계정보 보고서〉, KOSIS. https://kosis.kr/statHtml/statHtml.do?orgId=127&tblId=DT_12017N007

**그림 1.** 과학기술정보통신부, 한국정보화진흥원, 〈디지털 정보격차 실태조사〉, e-나라지표. https://index.go.kr/potal/stts/idxMain/selectPoSttsIdxMainPrint.do?idx_cd=1367&board_cd=INDX_001

08

# 디지털 규범, 개인의 권리와 의무

김형준

컴퓨터와 인터넷으로 연결된 디지털 공간은 정보의 확장성과 장소적 비제약성으로 인하여 표현의 자유를 만끽할 수 있는 장이자, 국민의 알 권리를 충족하는 정보의 보고로서 우리 생활의 일부분이 된 지 오래다. 반면 디지털 공간은 이용자의 익명성이나 접근의 용이성으로 인하여 프라이버시나 저작권 등 타인의 권리에 대한 침해가 빈번하게 또 손쉽게 발생하는 공간이기도 하다. 오프라인 공간에서의 침해와 그 피해가 일회적인 것과 달리, 디지털 공간에서의 피해는 훨씬 더 지속적이며, 심지어는 회복할 수 없을 때도 허다하다. 이러한 현상은 최근 이른바 '사이버 장의사'의 성업으로도 반증된다. 이에 본 장에서는 건강한 디지털 공간의 형성을 위해 우리가 지켜야 할 행위 준칙은 무엇인지, 이와 관련한 우리나라의 법률과 제도는 어떻게 이루어져 있는지에 대하여 쟁점별로 살펴보고자 한다.

# 개인 정보 보호와 그 침해에 대한 대응

## 개인 정보의 개념과 유형

'개인 정보'란 살아 있는 개인에 관한 정보로서 성명, 주민등록번호, 영상 등을 통하여 개인을 알아볼 수 있는 정보 등을 뜻한다. 해당 정보만으로는 특정 개인을 알아볼 수 없더라도, 다른 정보와 결합하여 쉽게 알아볼 수 있는 정보도 포함한다. '가명 정보'도 개인 정보라고 할 수 있고, 휴대전화 번호 뒷자리 4자리도 역시 개인 정보에 해당한다. 그뿐만 아니라, 개인 정보는 반드시 개인의 내밀한 영역에 속하는 정보에 국한되지 않는다. 즉 공적 생활에서 형성되었거나 이미 공개된 정보까지도 개인 정보에 포함된다.

표 1. 개인 정보의 유형 분류

| 구분 | 내용 |
|---|---|
| 일반 정보 | 성명, 주민등록번호, 주소, 연락처, 생년월일, 출생지, 성별 등 |
| 가족 정보 | 가족 관계, 가족 구성원 정보 등 |
| 신체 정보 | 얼굴, 홍채, 음성, 유전자 정보, 지문, 키, 몸무게 등 |
| 의료·건강 정보 | 건강 상태, 진료 기록, 신체 장애, 장애 등급, 병력, 혈액형, IQ, 약물 테스트 등의 신체검사 정보 등 |
| 기호·성향 정보 | 도서·비디오 등 대여 기록, 잡지 구독 정보, 물품 구매 내역, 웹사이트 검색 내역 등 |
| 내면의 비밀 정보 | 사상, 신조, 종교, 가치관, 정당·노조 가입 여부 및 활동 내역 등 |

| 구분 | 내용 |
| --- | --- |
| 교육 정보 | 학력, 성적, 출석, 기술 자격증 및 전문 면허증 보유 내역, 상벌 기록, 생활 기록부, 건강 기록부 등 |
| 병역 정보 | 병역 여부, 군번 및 계급, 제대 유형, 근무 부대, 주특기 등 |
| 근로 정보 | 직장, 고용주, 근무처, 근로 경력, 상벌 기록, 직무 평가 기록, 직무 태도, 성격 테스트 결과 등 |
| 법적 정보 | 전과·범죄 기록, 재판 기록, 과태료 납부 내역 등 |
| 소득 정보 | 봉급액, 보너스 및 수수료, 이자 소득, 사업 소득 등 |
| 신용 정보 | 대출 및 담보 설정 내역, 신용 카드 번호, 통장 계좌 번호, 신용 평가 정보 등 |
| 부동산 정보 | 소유 주택, 토지, 자동차, 기타 소유 차량, 상점, 건물 등 |
| 기타 수익 정보 | 보험(건강, 생명 등) 가입 현황, 휴가, 병가 등 |
| 통신 정보 | ID, 비밀번호, E-Mail 주소, 전화 통화 내역, 로그 파일, 쿠키 등 |
| 위치 정보 | GPS 및 휴대폰에 의한 개인의 위치 정보 |
| 습관·취미 정보 | 흡연 여부, 음주량, 선호 스포츠 및 오락, 여가 활동, 도박 성향 등 |

## 개인 정보의 침해 유형

디지털 공간에서는 개인 정보에 대한 무단 수집, 유출, 판매가 주로 문제시된다. 이는 해커 등 외부 공격만이 아니라 정보 관리자 등 내부자에 의해 일어나기도 한다.

예를 들어, ① 모 정유사 회원 정보 관리를 담당하는 자회사 직원이 개인 정보 판매 목적으로 고객 정보 1,125만 건을 유출한 사례(대법원 2011다59834), ② 주민센터 직원이 심부름센터와 결탁하여 건당 만 원씩 받고 주민등록자료, 제적 등본 등의 개인 정보를 판매한 사례(서울중앙지방법원 2012고합243-1)는 영리적 목적으로 개인 정보를 유출,

거래한 경우이다. 한편 직원이 실수로 민원인 수백 명의 이름, 주민 번호, 주소 등 개인 정보를 포함한 보도 자료를 인터넷 홈페이지에 공개한 사례(대전지방법원 2014고정1905)는 영리적 목적 등이 없이 개인 정보를 침해한 경우라 할 수 있다.

[표 2]의 개인 정보 침해 신고 상담 건수와 연도별 현황을 살펴보자. 2010년 대비 2019년 개인 정보 상담 건수가 3배 가까이 늘었음을 확인할 수 있다. 또한, 연도별 침해 현황을 보면 알 수 있듯이, 이전 대비 개

표 2. 개인 정보 침해 현황

| | 2015 | 2016 | 2017 | 2018 | 2019 |
|---|---|---|---|---|---|
| 합계 | 152,151 | 98,210 | 105,122 | 164,497 | 159,255 |
| - 개인정보 무단수집 | 2,442 | 2,568 | 1,876 | 2,764 | 3,237 |
| - 개인정보 무단이용제공 | 3,585 | 3,141 | 3,881 | 6,457 | 6,055 |
| - 주민번호등 타인정보도용 | 77,598 | 48,557 | 63,189 | 111,483 | 134,271 |
| - 회원탈퇴 또는 정정 요구 불응 | 957 | 855 | 862 | 1,149 | 1,292 |
| - 법적용 불가 침해사례 | 60,480 | 38,239 | 30,972 | 37,156 | 8,745 |
| - 기타 | 7,089 | 4,850 | 4,342 | 5,488 | 5,655 |

인 정보의 무단 이용 제공, 주민 번호 등 타인 정보 도용 등의 침해 건수가 거의 2배 가까이 증가했다. 이는 디지털 기술의 발달로 사람들의 디지털 이용이 급격히 늘어남에 따라, 디지털 공간에서의 범죄, 특히 개인 정보 침해와 관련한 범죄가 가파르게 늘고 있음을 보여 준다.

## 사생활 보호와 그 침해에 대한 대응

### 사생활 자유와 알 권리

타인의 개인사에 대한 관심이 유독 큰 우리의 국민적 특성상, 다른 나라와 비교하여 디지털 공간에서의 사생활 침해가 광범위하게 이루어지고 있을 뿐 아니라, [그림 1]에서 보는 바와 같이 사이버 명예훼손이나 모욕의 발생이 날로 증가하고 있다. 우리나라는 다른 나라에서는 찾기 어려운, 사이버 명예훼손 행위를 특별히 엄벌하는 것을 내용으로 하는 특별법을 보유하고 있는데, 이 법률은 문제의 심각성을 반증해 준다. 이러한 사생활 침해, 인격권 침해는 회복이나 구제가 매우 어려운 디지털 공간의 특성상 엄격하게 대응하여야 한다.

그러나 한편에서는 알 권리 측면에서 사생활 침해에 대한 과도한 규제는 자제해야 한다는 주장도 있다. 디지털 공간에서의 게시글이나 댓

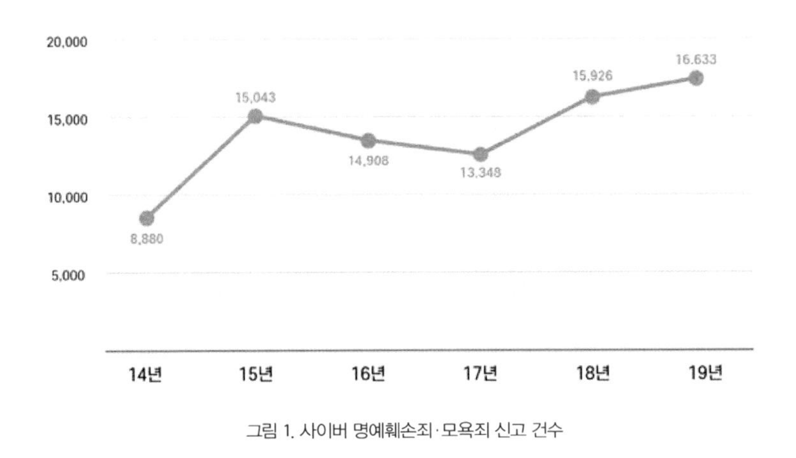


그림 1. 사이버 명예훼손죄·모욕죄 신고 건수

글 등에 강력한 제재를 가하면, 국민의 알 권리를 침해하는 부작용이 있다는 것이다. 따라서 보호되는 사생활의 범위가 어디까지인지, 알 권리는 어떤 범위에서 허용해야 하는지에 대하여 구체적으로 검토할 필요가 있다.

### 사생활의 자유

〈헌법〉 제17조는 "모든 국민은 사생활의 비밀과 자유를 침해받지 아니한다"라고 하여 사생활의 비밀과 자유를 규정하고 있다. 이는 사생활의 내용을 공개 당하지 아니할 권리, 사생활의 자유로운 형성과 전개를 방해받지 아니할 권리, 자신에 관한 정보를 스스로 관리·통제할 수 있는 권리 등을 내용으로 한다.

구체적으로 사생활 비밀의 불가침이란 ① 본인이 비밀로 하고자 하는 사적 사항은 신문, 잡지, 영화, TV 등의 매체에 사실대로 공개하는 것도 원칙적으로 허용되지 않으며, ② 허위의 사실을 공표하거나 사실을 과장 또는 왜곡하여 공표함으로써 특정인을 진실과 다르게 인식하도록 하여서는 안 되며, ③ 성명, 초상, 경력, 이미지 등 본인의 고유한 인격적 징표를 도용당해서는 안 된다는 것이다. 한편, 사생활 자유의 불가침은 ① 개인은 자유로이 사생활을 형성하고 영위하는 것을 억제 또는 위협받지 않아야 하고, ② 개인의 평온한 사생활을 적극적으로 방해 또는 침해하거나 소극적으로 감시, 도청, 도촬 등으로 교란함으로써 불안과 불쾌감을 유발해서는 안 된다는 것이다. 자기 정보의 관리·통제권은 '개인정보 자기결정권'이라고도 하는데, ① 자기에 관한 정보의 자율적 결정권 또는 자기에 관한 정보를 수집, 분석, 처리하는 행위를 배제해 주도록 청구할 수 있고, ② 자신에 관한 정보를 자유로이 열람할 수 있으며(자기정보 접근권, 자기정보 열람청구권), ③ 자신에 관한 정보의 정정, 사용 중지, 배제 등을 요구할 수 있고(자기정보 정정청구권, 자기정보 사용중지권, 봉쇄청구권, 삭제청구권), ④ 이러한 요구가 수용되지 않을 경우에 불복 신청이나 손해 배상을 청구할 수 있음을 그 내용으로 한다.

**알 권리**

알 권리란 양심, 사상, 의견, 지식 등을 형성하는 데 관련하는 일체의 자료를 수집하고 또 처리할 수 있는 권리를 뜻한다. 자발적으로 제공되는 정보를 받아들여 인지하거나 소지하는 정보 수령권, 일반적으로 접근 가능한 정보원으로부터 능동적으로 정보를 취득할 수 있는 정보 수집권, 적극적으로 비자발적인 정보원으로부터 정보 공개를 청구할 권리인 정보공개 청구권을 포함한다.

**사생활 보호와 알 권리의 조화**

사생활의 비밀과 자유도 타인의 권리를 침해하거나 사회 윤리, 헌법 질서를 위반하는 것이어서는 안 된다. 이때 국민의 알 권리와 사생활의 비밀과 자유가 충돌한다면, 어느 것을 우선시해야 할까? 이 두 개의 법익이 충돌할 경우, 조화로운 해결을 위해 다음과 같은 기준들이 논의되고 있다.

먼저 보도적 가치, 교육적 가치, 계몽적 가치가 있는 사실은 공공의 이익에 관한 사항이므로 알 권리의 입장이 사생활의 보호보다 우선시된다는 공익 이론이 있다. 사회적 지위에 따라 사생활의 비밀과 자유의 한계가 결정되어야 한다는 공적 인물 이론도 유력하게 제시되고 있다. 공적 인물이란 그 재능, 명성, 생활 양식 때문에 일반인이 관심을 두는 공적 인사가 된 자를 뜻한다. 정치인, 운동선수, 연예인 등 자의로 유명인이 된 자뿐만 아니라, 범인과 그 가족, 피의자 등 타의로 유명인이 된 자도 포함한다. 그렇다면 공적 인물에 대하여 사생활의 자유를 제한하는 이유는 무엇일까? 첫째, 공적 인물은 개인사의 공개를 동의한 자로서 이에 항의할 권리를 상실했다고 볼 수 있고, 둘째, 공적 인물의 인격이나 사건은 이미 공적이기 때문에 일정하게 제한될 수 있기 때문이다. 나아가 셋째, 이는 헌법상 보장된 언론 보도의 자유로 설명되기도 한다.

### 잊혀질 권리

'잊혀질 권리Right to be Forgotten'란 이미 공개된 자신의 정보에 대하여 포털이나 SNS 등의 개인 정보 처리자에게 삭제를 요청할 수 있는 권리다. 디지털 공간에서의 개인 정보나 사생활에 대한 침해는 그 피해가 지속적이고 회복 불가능한 경우가 많기에, [그림 2]에서 보는 바와 같이 최근 잊혀질 권리에 관한 논의가 활발히 진행 중이다.

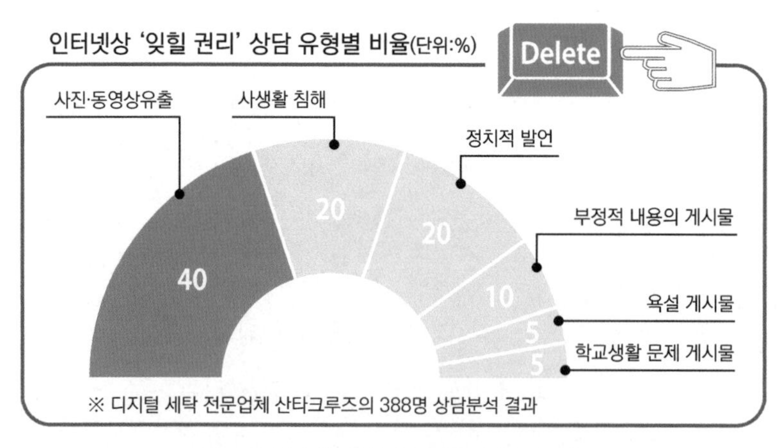


그림 2. 인터넷상의 '잊힐 권리'와 관련한 다양한 상담 유형

잊혀질 권리는 정보통신망 이용촉진 및 정보보호 등에 관한 법률(약칭 정보통신망법)과 개인정보보호법을 통하여 보호하고 있다.

먼저 〈정보통신망법〉 제44조의2 제1항은 "정보통신망을 통하여 일반에게 공개를 목적으로 제공된 정보로 인해 사생활 침해나 명예훼손 등 타인의 권리가 침해된 경우 침해를 받은 자가 서비스 제공자에게 침해 사실을 소명하여 삭제 또는 반박 내용의 게재를 요청할 수 있다"라고 규정하고 있다. 이에 따라 사생활 침해나 명예훼손의 피해가 있는 경우 해당 내용의 삭제를 요구할 수 있으며, 임시 조치로 해당 내용의 게시물에 '블라인드' 처리가 가능하다.

한편, 〈개인정보보호법〉 제36조 제1항은 "자신의 개인 정보를 열람한 정보주체는 개인 정보처리자에게 그 개인 정보의 정정 또는 삭제를 요구할 수 있다"라고 규정하고, 제37조 제1항은 "정보주체는 개인 정보처리자에 대하여 자신의 개인 정보 처리의 정지를 요구할 수 있다"라고 규정하여 관계 기관이 잊혀질 권리를 보호하도록 하고 있다.

## 사생활 침해에 대한 대응

### 정보통신망법상의 명예훼손죄

현행법은 명예훼손죄를 형법에 규정하고 있으나, 사이버 공간에서의 명예훼손이 발생했을 때는 정보통신망법이 이를 더 가중하여 무겁게 처벌하고 있다.

〈정보통신망법〉 제70조는 제1항에서 "사람을 비방할 목적으로 정보통신망을 통하여 공공연하게 사실을 드러내어 다른 사람의 명예를 훼손한 자는 3년 이하의 징역 또는 3천만 원 이하의 벌금에 처한다", 제2항에서 "사람을 비방할 목적으로 정보통신망을 통하여 공공연하게 거짓의 사실을 드러내어 다른 사람의 명예를 훼손한 자는 7년 이하의 징역, 10년 이하의 자격정지 또는 5천만원 이하의 벌금에 처한다"라고 규정하고 있다. 정보통신망의 빠르고 광범위한 전파력으로 인하여 〈형법〉 제309조의 출판물에 의한 명예훼손보다 더 무겁게 처벌하는 것이다.

적시하는 사실이 진실이든 허위이든 모두 처벌의 대상이다. 다만 허위의 사실을 적시하여 명예훼손을 하였을 경우 진실한 사실일 경우보다 더 무겁게 처벌한다.

진실한 사실을 적시하여 명예훼손이 문제가 된 실례를 살펴보면, ① 교제하다가 헤어진 피해자의 카카오스토리KakaoStory에 접속하여 피해자가 게시한 게시물에 "한 사람 정신적으로 목숨 갖고 장난 / 한 여자 인생 무너뜨렸던"이라는 댓글을 게시한 경우(벌금 200만 원, 춘천지방법원 2015고정423), ② 인터넷 사이트 '네이버 중고나라'를 통하여 중고 물품을 구매한 뒤 가짜임이 의심되어 판매자로부터 환불받기로 하였으나, 판매자가 차일피일 미루며 환불해 주지 않자 '더치트'(http://thecheat.co.kr)라는 사기 피해 정보 공유 사이트에 위와 같은 사실을 올린 경우(무죄, 대구지방법원 2015고정1968), ③ 네이버 카페인 '울산○○' 사이트에 "당신들의 변호사 자문비는 주민 동의 없이 600만 원이나 관리비 각출하고 도대체 어찌 돌아가는 겁니까? 타 단지에 비해 장기수 선충당금은 따블 의결하고… 그들만의 리그 아파트 행사에 164만 원 자금 들이고, 불협화음이 심한 현 상황에 아파트 행사는 당분간 최대한 줄여야 하는디… 속이 터집니다. ㅠㅠ"라는 글을 게재한 경우(무죄, 울산지방법원 2020고단66)를 들 수 있다.

한편, 허위사실 적시로는 다음과 같은 사례가 있다. ① 의사인 피고인이 한의사인 피해자가 한방 암 치료제를 조제, 처방한 것을 두고 사기꾼, 사이비, 논문 조작 등으로 평가하는 글을 블로그에 게재한 뒤 인터뷰한 경우(징역 6월/집행유예 1년, 청주지방법원 2014고단586), ② 피해자와 모로코에서 결혼식을 올린 후 피해자를 한국으로 초청하였으나, 피해자가 부부 관계를 거부하고 집을 나가버렸다는 이유로 페이스북에 접속하여 그전에 이미 촬영하여 둔 속옷만 입은 피해자의 사진과 피해자가 평소 가지고 다니던 피임약 사진을 게시하고는 그 밑에 "Garbage쓰레기", "The prostitute in Morocco모로코의 창녀"라는 글을 게시한 경우(벌금 70만 원, 울산지방법원 2015고정1191), ③ 학교 법인의 이사장이었다가 해임된 피고인이 그 학교 법인 소속 고등학교의 행정실장이었던 피해자를 비방할 목적으로 기자 회견을 통해 피해자가 건강 보험료를 미납했고 이사들과 합동하여 학교를 팔았으며, 10년 동안 한 회사에서만 쌀 납품을 받았다는 취지의 허위 사실을 적시한 경우(벌금 700만 원, 울산지방법원 2019고정172), ④ 인터넷 네이버 카페 게시판에 접속하여 피해자를 가리켜 "○○○님 또 괴롭히면 너 명예훼손 띠리한다~!!! 작업

좀 작작하고… ^.~ 두 살림 하는 거 온 카페가 다 알던데 제발 들키지 말고…"라는 내용의 허위의 사실을 적시한 경우(무죄, 의정부지방법원 2014고정1619)를 들 수 있다.

개인의 사생활을 공개한 경우라도 그 사실이 진실한 것이고, 또한 그 공개가 공익적 목적에서 이루어져 '비방의 목적'에 의한 것이라고 할 수 없을 때는 형사처벌의 대상이 되지 않는다. 그러나 공개의 공익성을 인정받지 못하면 명예훼손죄로 형사처벌이 되므로, 국민의 알 권리나 언론의 자유가 제한받을 수 있다. 이런 측면에서 최근 사실적시 명예훼손죄의 폐지가 주장되고 있으나, 헌법재판소는 사실적시 명예훼손죄의 합헌성을 일관되게 확인하고 있다.

### 모욕죄

인터넷상에서 타인을 모욕했을 때는 정보통신망법이 아니라 형법상 모욕죄가 적용된다. 〈형법〉 제311조는 "공연히 사람을 모욕한 자는 1년 이하의 징역이나 금고 또는 200만원 이하의 벌금에 처한다"라고 규정하고 있다. 그렇다면 '모욕'이란 무엇일까? 모욕은 사실을 적시하지 아니하고 사람에 대하여 경멸적인 의사를 표시하는 것을 의미한다. 사실을 구체적으로 적시하지 않는다는 점에서 명예훼손과 차이가 있다.

사이버 모욕죄와 관련된 사례를 살펴보자. ① 교사가 운전하는 차를 들이받은 가해 차량 운전자가 인터넷에 "쓰레기 같은 파렴치범과 같아서는 안 되지 않겠습니까(안산 ○○초등학교 김○○ 선생 외 1명)"이라는 제목으로 피해자인 교사를 비난하는 글을 올려 모욕죄로 기소된 사안(벌금 100만 원, 수원지방법원 2007고정2857), ② 인터넷 게임 채팅방에서 피해자가 사용하는 아이디를 지칭하면서 "니애미창년", "애미", "셋트메뉴로 밧줄에 묶어놓고 존나게 패야지", "시발년, 닥쳐" 등의 욕설을 입력한 경우(벌금 200만 원, 인천지방법원 2014고정3756), ③ 페이스북 게시판, 네이버 블로그에 피해자인 고양 시장에 대하여 "비열한 독재자 B", "정치술수를 부렸던 자", "비겁한 고양시장 B", "거짓말 잘하는 나쁜 사람 비겁하고 야비한 줄은 정말 몰랐다", "부패카르텔", "고양시민의 고혈을 부패한 탐관오리인 B씨", "거짓말과 협잡에 빼어난 실력을 발휘해 왔던 B", "입만 열면 거짓말에 하는 행동마다 불의로 가득찬 당신" 등의 모욕적인 표현이 담긴 글을 게시한 경우(벌금 100만 원, 의정부지방법원 2016고합494), ④ 인터넷 자유 게시판에 "이거 안가면 마인드씨같은 한남충한테 임신공격당하고 결혼함"이라고 기재하여 그 필명을 사용하는 웹툰 작가인 피해자를 공연히 모욕한 경우(벌금 30만 원, 서울서부지방법원 2017고정411), ⑤ 인터넷 카페에 해당 치과에 가지 말라는 취지의 "원장 등 모든 직원 마인드가 엉망입니다. 접수직원 빼고는 모두 상식 이하 원장, 직원입니다"라는 글을 게시하여 병원장에 대한 모욕죄로 기소한 사안의 경우(무죄, 수원지방법원 2011고정769)를 들 수 있다.

# 디지털 공간에서의 저작권

게시물이나 댓글에 대하여는 물론, 게임, 소프트웨어, 소설, 만화 등 저작물에 대한 불법 다운로드 등 디지털 공간에서는 저작권 침해가 매우 쉽게 그리고 빈번하게 발생하고 있다. 청소년은 물론 일반 성인들도 죄의식 없이 이러한 행위를 하는 것이 사실이다. 하지만 이러한 저작권 침해 행위에는 강력한 법적 제재가 가해지고 있으므로, 별생각 없이 행한 가벼운 불법 다운로드 하나로 형사처벌을 받거나 전과자가 될 수 있다. 디지털 공간에 산재한 저작물에 대하여 그 이용이 허용되는 경우와 허용되지 않는 경우는 언제일까? 그리고 불법 이용 등 저작권 침해 시 어떤 제재를 받게 될까? 판례와 법제를 통하여 유형별로 살펴보자.

## 보호되는 저작권

### 저작권법상의 저작물

〈저작권법〉 제2조 제1호는 '저작물'을 인간의 사상 또는 감정을 표현한 창작물로 규정하고 있다. 또한, 〈저작권법〉 제4조 제1항은 보호되는 저작물을 다음과 같이 예시하고 있다.

1. 소설·시·논문·강연·연설·각본 그 밖의 어문저작물

2. 음악저작물

3. 연극 및 무용·무언극 그 밖의 연극저작물

4. 회화·서예·조각·판화·공예·응용미술저작물 그 밖의 미술저작물

5. 건축물·건축을 위한 모형 및 설계도서 그 밖의 건축저작물

6. 사진저작물(이와 유사한 방법으로 제작된 것을 포함한다)

7. 영상저작물

8. 지도·도표·설계도·약도·모형 그 밖의 도형저작물

9. 컴퓨터프로그램저작물

위의 제4조에서 열거하는 저작물의 종류는 단지 예시에 불과하고, 이 예시에 해당하지 않더라도 저작물이 될 수 있다. 예를 들어, 글로서 사상 또는 감정을 창작하여 표현하였다면 그 글이 저작물(어문저작물)이며, 춤으로서 사상 또는 감정을 표현하였다면 그 춤이 저작물이 된다.

### 2차적 저작물

원저작물을 번역, 편곡, 변형, 각색, 영상 제작, 그 밖의 방법으로 작성한 창작물은 독자적인 '2차적 저작물'로서 보호된다(〈저작권법〉 제5조 제1항). 2차적 저작물이 저작물로서 인정되려면 역시 독자적인 창작성이 있어야 한다. 그러한 2차적 저작물은 원저작물의 권리와는 별개로 독자적인 저작물로서 보호된다. 물론 이때 별개로 보호되는 부분은 원저작물을 바탕으로 본인이 창작한 영역에만 해당한다.

### 편집저작물

'편집저작물'은 편집물로서 그 소재의 선택이나 배열 또는 구성에 창작성이 있는 것을 말하는데(〈저작권법〉 제2조 제18호), 이 역시 독자적인 저작물로서 보호된다. 여기서 '편집물'이란 저작물이나 부호, 문자, 음, 영상, 그 밖의 형태의 자료(소재)의 집합물을 말하며, 데이터베이스를 포함한다(〈저작권법〉 제2조 제17호). 그래서 예를 들어 통상적인 편집 방법에 따라 작성된 일지 형태의 법조 수첩은 그 소재의 선택 또는 배열에 창작성이 있는 편집물이라고 할 수 없다.

## 디지털 공간에서의 저작권 침해

### 저작물에 대한 업로드, 다운로드, 공유

(1) 저작물을 다운로드하여 보관하는 경우

〈저작권법〉 제136조 제1항은 저작권자의 허락 없이 저작물을 복제하는 것을 금지하고 있다. 그러나 온라인상에서 게임, 소프트웨어, 소설, 만화 등과 같은 저작물을 이용자가 다운로드할 때는 크게 문제가 되지 않는다. 즉 현행법상 인터넷상의 자료를 다운로드하는 것은 처벌하지 않는다. 저작권법 제30조는 공표된 저작물을 영리를 목적으로 하지 아니하고 개인적으로 이용하거나 가정 및 이에 준하는 한정된 범위 안에서 이용하는 경우에는 이용자가 이를 복제할 수 있도록 하고 있다. 다운로드를 받아 단지 비공개로 개인이 사용하는 것은 이러한 '사적 이용을 위한 복제'에 해당한다.

(2) 다운로드한 저작물을 타인과 공유하는 형태

토렌트Torrent와 같은 P2P 프로그램을 이용하여 다운로드를 할 경우에는 저작권법 위반에 해당한다. P2P 프로그램을 이용한 다운로드는 이용자가 다운로드함과 동시에 불특정 다수가 그 파일을 다운로드할 수 있도록 업로드하는 형태로 이루어진다. 대법원은 P2P 프로그램과 관련한 소리바다 사건에서 "MP3 파일을 다운로드 받은 이용자의 행위는 구 저작권법[2006. 12. 28. 법률 제8101호로 전문 개정되기 전의 것] 제2조 제14호의 복제에 해당하고, 소리바다 서비스 운영자의 행위는 구 저작권법상 복제권 침해행위의 방조에 해당한다"라고 판시한 바 있다(대법원 2005도872). 즉 이용자가 P2P 프로그램을 이용하여 다운로드하는 행위를 저작권법상의 '복제권' 침해에 해당하는 것으로 보는 것이다.

(3) 파일 업로드 배포

불법적인 영화 파일 등을 업로드한 사례로는 ① 피고인이 인코딩을 통하여 변형한 영화 파일이 비제휴 불법 파일이라는 것을 알면서, 인터넷 공유 웹사이트인 'ㅇㅇ디스크'에 업로드하는 방법으로 저작권을 위반한 경우(벌금 200만 원, 서울북부지방법원 2015노2053). ② 인터넷 웹하드 사이트인 파일노리Filenori에 동영상 등 저작물 2,417개를 영리 목적으로 업로드하여 배포하고, 또 다른 인터넷 웹하드 사이트인 파일브이

File-V에 동영상 등 저작물 8개를 영리 목적으로 업로드하여 배포하는 등 장기간 영화 파일을 업로드하여 배포한 경우(징역 6월/집행유예 2년, 울산지방법원 2015고단2927). ③ 웹하드에 총 6권의 소설을 게재하여 불법 전송 및 유통한 경우에 대하여 저작권 침해행위를 인정하고 손해배상 책임을 문 경우(손해배상액 150만원, 서울서부지방법원 2013가단218890) 등이 있다.

표 3. 연도별 온라인 불법 복제물 유통 비중 (단위: 개, %)

| 구분 | 2014년 | 2015년 | 2016년 | 2017년 | 2018년 |
|---|---|---|---|---|---|
| P2P | 2억 1,503만 (12.4) | 1억 9,641만 (10.4) | 2억 693만 (9.6) | 1억 8,373만 (9.8) | 1억 8,277만 (10.4) |
| 포털 | 3억 1,323만 (15.5) | 3억 123만 (16) | 3억 1,819만 (14.8) | 3억 1,680만 (16.9) | 2억 8,718만 (16.3) |
| 웹하드 | 3억 3394만 (16.5) | 2억 9,542만 (15.7) | 3억 3,471만 (15.6) | 3억 3,523만 (17.9) | 2억 5,313만 (14.4) |
| 토렌트 | 7억 7,259만 (38.2) | 5억 9,882만 (31.8) | 7억 2,161만 (33.6) | 5억 2134만 (27.8) | 5억 305만 (28.5) |
| 모바일 앱 | 3억 5,341만 (17.5) | 3억 7,091만 (19.7) | 4억 3,561만 (20.3) | 4억 1,104만 (21.9) | 4억 3,299만 (24.6) |
| 스트리밍 전문 사이트 | | 1억 1,850만 (6.3) | 1억 3,103만 (6.1) | 1억 857만 (5.8) | 1억 431만 (5.9) |
| 계 | 20억 242만 (100.0) | 18억 8,131만 (100.0) | 21억 4,810만 (100.0) | 18억 7,674만 (100.0) | 17억 6,346만 (100.0) |

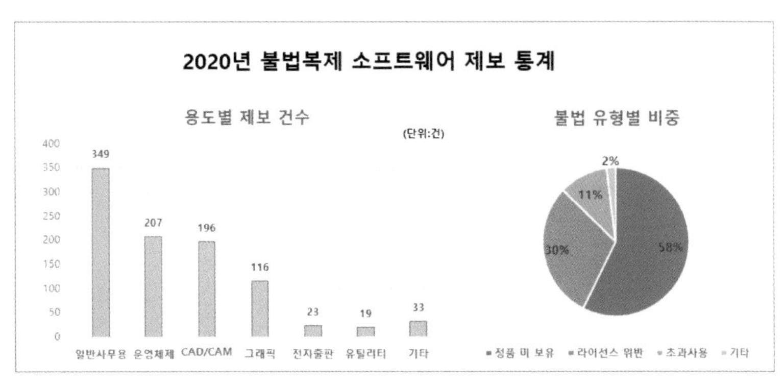


그림 3. 불법 복제 소프트웨어 사용 현황

## 게시글 및 댓글의 저작권 침해 인정 여부

디지털 공간에서 타인의 게시글이나 댓글 등을 화면 저장(캡처)하여 다른 게시판이나 블로그, SNS 등에 게시하는 일은 빈번하게 행해진다. 자신이 읽은 게시글 등을 다른 게시판에 복제, 배포하는 행위인데, 이것이 저작권법을 위반하는지 판단해 볼 필요가 있다. 실제 사례를 보면, 갑甲이 인터넷 포털 사이트의 경제 토론방 게시판에 '미네르바'라는 필명으로 국내외 경제 동향의 분석과 예측에 관한 글을 게시하였는데, 을乙이 자신이 운영하는 인터넷 카페에 갑이 작성하여 위 사이트에 게시한 글을 갑의 승낙 없이 복제하여 게시한 사안에서, 법원은 갑이 '미네르바' 필명 사용자로서 위 어문저작물의 저작권자라고 보아야 하므로 을은 갑에게 저작권 침해로 인한 재산상 손해를 배상할 의무가 있다고 판단하였다(서울중앙지방법원 2011가합60365). 즉 인터넷상의 게시글이나 댓글도 창작성이 발현되어 있다면 저작물로 인정받을 수 있다는 것이다. 그렇다면 출처를 밝히고 다른 게시판이나 SNS에 게시할 때도 저작자의 동의가 없다면 저작권법 위반에 해당한다. 다만 보도, 비평, 교육, 연구 등을 위하여는 정당한 범위 안에서 공정한 관행에 합치되게 이를 인용할 수 있다(〈저작권법〉 제28조).

**링크 행위의 저작권 침해 인정 여부**

인터넷 링크Internet Link 역시 빈번하게 이루어지고 있는데, 이에 대한 대법원의 입장은 다음과 같다. "이른바 인터넷 링크는 인터넷에서 링크하고자 하는 웹페이지나, 웹사이트 등의 서버에 저장된 개개의 저작물 등의 웹 위치 정보 내지 경로를 나타낸 것에 불과하여, 비록 인터넷 이용자가 링크 부분을 클릭함으로써 링크된 웹페이지나 개개의 저작물에 직접 연결된다 하더라도 위와 같은 링크를 하는 행위는 저작권법이 규정하는 전송에 해당하지 아니한다."(대법원 2012도13748) 즉, 인터넷 링크를 하는 것은 저작권을 침해하는 행위로 볼 수 없다는 것이다.

그러나 해당 웹페이지에서 직접 동영상이나 음악 등 파일이 재생되도록 하는 임베디드 링크Embedded Link의 경우에는 저작권법 위반을 인정한 바 있다. 방송 프로그램에 대한 임베디드 링크를 게재하여 이용자가 무료로 시청할 수 있도록 한 사안에서, "실질적으로 해외 동영상 공유 사이트 게시자의 공중에의 이용제공의 여지를 더욱 확대시키는 행위로서 해외 동영상 공유 사이트 게시자의 공중송신권(전송권) 침해행위에 대한 방조에는 해당한다"라고 판시하였다(서울고등법원 2016나2087313). 즉 '단순한 인터넷 링크'는 저작권을 침해하지 않는 것으로 보지만, 웹페이지에서 직접 동영상이나 음악을 재생하도록 하는 '임베디드 링크'를 게재하는 것은 공중송신권(전송권)의 침해로 보는 것이다.

**홈페이지 등의 배경 음악**

방송 프로그램에 대한 임베디드 링크를 게재하여 이용자가 무료로 시청할 수 있도록 하는 것이 공중송신권(전송권) 침해의 방조에 해당한다면, 홈페이지나 개인 블로그 등에 배경 음악을 넣는 행위는 해당 웹페이지에 접속하였을 때 곧바로 음악을 재생할 수 있도록 하는 것으로 보아 임베디드 링크를 게재하는 것과 마찬가지로 판단해야 할 것이다.

## 저작권 침해에 대한 형사책임

저작권법 위반에 대한 형사책임을 어떻게 받는지 살펴보자. 먼저 〈저작권법〉 제136조 제1항은 저작재산권을 복제, 공연, 공중송신, 전시, 배포, 대여, 2차적 저작물 작성의 방법으로 침해할 경우 5년 이하의 징역 또는 5,000만 원 이하의 벌금에 처하거나 이를 병과할 수 있도록 규정하고 있다. 또한, 동조 제2항은 저작인격권 또는 실연자의 인격권을 침해하여 저작자 또는 실연자의 명예를 훼손하거나 허위 등록할 경우 3년 이하의 징역 또는 3,000만 원 이하의 벌금에 처하거나 이를 병과할 수 있도록 규정하고 있다.

한편, 〈저작권법〉 제137조는 저작자 아닌 자를 저작자로 하여 실명·이명을 표시하여 저작물을 공표한 사람, 실연자 아닌 자를 실연자로 하여 실명·이명을 표시하여 실연을 공연 또는 공중송신하거나 복제물을 배포한 사람, 저작자의 사망 후 그의 저작물을 이용하면서 저작자가 생존하였더라면 그 저작인격권의 침해가 될 행위를 한 사람 등의 경우에는 1년 이하의 징역 또는 1천만 원 이하의 벌금에 처한다고 규정하고 있다. 그리고 〈저작권법〉 제138조는 저작물의 출처 명시를 위반한 경우 등에 500만 원 이하의 벌금을 규정하고 있다.

## 건강한 디지털 공간의 구축을 위하여

디지털 공간은 더는 우리 생활과 괴리된 가상의 공간이 아니다. 이미 우리의 현실적 삶의 일부분이다. 거의 모든 영역에 걸쳐 디지털화된 사회에서 디지털 공간을 마음껏 향유하기 위해서는 건강한 디지털 공간을 구축해야 한다. 그리고 건강한 디지털 공간의 구축을 위해서는 디지털 공간 이용자들의 건전한 디지털 활동이 필수적이다. 이용자의 자율적 의무 준수를 기대할 수 없을 때는 부득이하게 법적 제재를 사용하여 통제하는 것이 불가피하다. 우리나라도 이에 관한 상당히 엄격한 법제를 갖추고 있다. 장난삼아, 별 죄의식 없이 한 행동으로 형사처벌 대상이 되는 위험에 처할 수도 있다. 디지털 공간 이용자는 스스로 건전한 디지털 공간 구축을 위하여 요구되는 각종 이용 수칙을 준수하여 선순환 여건을 조성할 필요가 있다. 건강한 디지털 공간의 구축을 위해 이 공간에서 지켜야 할 최소한이 무엇일지 한 번 더 고민하고, 실행에 옮겨야 할 때이다.

**그림과 표의 출처**

**표 1.** 개인정보보호 포털, 개인정보의 종류, 일부 재구성 (2021.03.24.)
https://www.privacy.go.kr/nns/ntc/inf/personalInfo.do

**표 2.** 개인정보보호 포털, 개인정보 침해 현황 (2021.03.24.)
https://www.privacy.go.kr/nns/ntc/pex/personalExam.do

**표 3.** 한국저작권보호원, 2019, p.47, 일부 재구성.

**그림 1.** 중앙일보, 2020.05.01.

**그림 2.** 한국경제, 2016.03.25.

**그림 3.** 전자신문, 2021.01.26.

# 09

# 디지털 도시, 사람 중심의 스마트 시티

마강래

스마트 시티에 대한 관심이 점점 커지고 있다. 최근 국내에서 진행된 스마트 시티 사업은 H/W 중심, 곧 스마트 인프라 건설을 중심으로 진행되었다. 스마트 시티가 인간의 삶의 질을 높이기 위한 수단이 되어야 하는데, 그 자체가 목적이 되어 가고 있다. 이에 본 장에서는 현재 기술 인프라 구축을 중심으로 진행 중인 스마트 시티의 문제점을 지적하고자 한다. 또한 사람 중심의 스마트 시티를 위해서는 개인의 욕구를 충족하고, 시민 참여를 독려하는 방향으로 인프라를 구축해야 함을 역설할 것이다.

## 스마트 시티는 무엇이며, 왜 등장했는가?

사람들이 상상하는 스마트 시티Smart City는 어떤 모습일까? 경험과 희망에 따라 제각각일 수 있지만, 첨단 기술로 무장한 자율 주행자가 돌아다니고, 언제 어디서든 타인과 연결되어 있으며, 빅데이터와 인공지능을 이용한 첨단 시스템이 재난을 미리 감지해 알려주는 건 공통의 모습일 것이다.

하지만 도시가 '스마트Smart'하다는 게 무엇인지 대해선 여러 의견이 있다. 어떤 이들은 지금까지 경험해 보지 못한 혁신적인 여러 기술이 생

그림 1. 건설·정보통신이 융복합한 스마트 시티

활 SOCSocial Overhead Capital와 결합해 도시가 더욱 효율적으로 작동하는 걸 스마트하다고 말한다. 다른 이들은 이런 효율성 개념에서 더 나아가, 혁신 기술이 여러 가지 사회적 문제를 해결할 수 있음을 스마트하다고 표현한다. 전자는 효율성의 증가를, 후자는 사회 문제에 어떻게 잘 대응하는지를 스마트함의 기준으로 보는 것이다.

정부에서는 이 두 목적을 합쳐 조금 더 뭉뚱그려 스마트함을 정의하고 있다. 〈스마트도시 조성 및 산업진흥 등에 관한 법률〉(약칭 스마트도시법)이 정의하는 스마트 도시는 "도시의 경쟁력과 삶의 질의 향상을 위하여 건설·정보통신 기술 등을 융·복합하여 건설된 도시기반시설을 바탕으로 다양한 도시서비스를 제공하는 지속 가능한 도시"이다. 달리 말하면, '도시기반시설의 첨단화 → 도시의 경쟁력 향상 & 주민의 삶의 질 향상'하는 도시를 '스마트'하다고 보는 것이다.

우리나라 스마트 시티 정책은 2003년 건설업 중심으로 시작되었던 유비쿼터스 도시U-city가 그 뿌리이다. 하지만 유비쿼터스 도시와 스마트 시티는 큰 차이가 있다. 우선, 디지털 기술 측면에서 유비쿼터스 도시는 유선 인터넷망, 광대역 통신, 인터넷, 3G, RFID 등을 활용하는 반면, 스마트 시티는 무선 통신망뿐만 아니라 ICBMA(IoT, Cloud Computing, Big Data, Mobile, AI)의 디지털 신기술을 이용한다. 2003년 이후의 기술 변화를 반영하는 흐름이라고 볼 수 있다. 물론 스마트 시티 개념은 도시나 나라별로 다르게 정의되지만, 시민의 움직임과 도시에서 발생하는 현상을 모두 데이터로 만들고, 이러한 데이터를 인공지능을 활용하

표 1. 스마트 시티의 등장 배경

| 구분 | 주요 내용 | 목표 | 수단 | 주체 |
|---|---|---|---|---|
| 도시 계획적 측면 | - 뉴어버니즘과 Smart Growth의 목표와 수단을 계승<br>- 직주근접 등을 통한 무절제한 자원 소비감소 및 시민 교류확대를 통한 커뮤니티활성화 등의 수단은 정보통신기술을 접목하여 보다 확대된 수단으로 발전 | 시민 삶의 질 향상 | 직주 근접, 시민 참여 | 도시계획 및 학계 |
| 글로벌 위기 대응 | - 급격히 증가하는 도시문제와 기후변화에 대응하기 위하여 정보통신기술을 활용한 효율성 높은 스마트시티를 새로운 도시 모델로 규정<br>- 정보통신기술의 융복합으로 도시 관리적 측면에서 재원 투자 대비 효율성을 극대화하는 것을 목표로 스마트시티 추진 | 도시문제 및 기후변화 대응 | 효율적 문제 해결 수단 | 국제기구 및 국가 |
| 4차 산업혁명 대응 | - 가상공간과 물리공간의 초연결과 타 산업 분야 간 융복합 및 빠른 발전 속도는 기존 산업정책으로 대응하기 어려움<br>- 정부는 규제 개편을 통하여 혁신 산업 추진의 여건을 만들고 도시는 데이터를 기반으로 하는 새로운 가치 경제가 활성화 될 수 있는 실험 장소이자 중심지 역할 수행 | 4차 산업혁명 시대의 신산업 창출 | 혁신성 기반 신산업 생태계 조성 | 민간 (산업계) |

자료: 이재용 외(2018: 16), 이재용 외(2019: 5)를 바탕으로 수정

여 분석해 맞춤형 서비스를 제공한다는 점은 공통적이다.

그럼 스마트 시티에 관한 논의는 어떤 배경에서 등장했을까? 실제로 스마트 시티 논의의 확대는 다음과 같은 사회·경제적 변화에 기반하고 있다(김상민, 임태경, 2020). 먼저, 인구 구조의 변화에 따른 도시 계획적 측면의 대응이 더 절실해졌다. 인구가 감소하고, 사회는 갈수록 고령화되며, 1인 가구가 증가하는 추세이다. 이러한 인구 구조의 변화에 대비한 생활 SOC의 구축이 필요해지고 있다. 다음으로 글로벌 위기에

대응하기 위한 도시 차원에서의 전략이 필요해졌다. 급속한 도시화와 이에 따른 기후 변화에 따라 자연 재난과 재해가 늘어나고 있으며, 이에 대응하는 통합적 관리가 더욱 절실해진 것이다. 마지막으로 구舊산업이 쇠퇴하면서 일자리가 감소하고 경제가 활력을 잃는 상황에서, 이를 대체할 신新성장 동력이 필요해졌다. 저성장 기조가 지속함에 따라 IT와 건설을 융복합해 소위 4차 산업혁명 시대에 맞는 신성장 동력을 확보해야 한다는 목소리가 점점 더 커지고 있는 것이다.

## 세종시와 부산시에서 진행 중인 스마트 시티 사업

최근 정부는 세종시와 부산시에 스마트 시티 시범 사업을 진행하고 있다. 세종시는 '세종 5-1 생활권 국가 시범도시'라는 이름으로 합강리 일원의 274만여㎡(83만여 평) 부지에 1조 4,876억 원(공공 0.95조 원, 민간 0.53조 원 내외)을 들여 스마트 시티를 구축하고 있다. 세종 5-1 생활권은 모빌리티Mobility, 교육과 일자리, 헬스 케어, 거버넌스, 에너지와 환경, 생활과 안전, 문화와 쇼핑 등 다양한 분야에서 스마트화를 추진하고 있다.

부산시는 '부산 스마트시티 국가 시범도시'라는 이름으로 강서구 일원의 219만여㎡(66만여 평)의 부지에 2.2조 원(공공 1.45조 원, 민간 0.76조 원 내외)의 투자 계획을 세우고 있다. 이곳에 다섯 가지의 혁신

그림 2. 빅데이터와 인공지능을 이용한 도시의 스마트 운영

산업(헬스 케어와 로봇, 공공 자율 혁신, 워터 에너지 사이언스, 수열 에너지, 신한류 VR/AR)과 관련한 클러스터를 조성할 계획이다.

이러한 스마트 시티 사업의 중심에는 '빅데이터'의 수집과 '인공지능'을 통한 데이터 분석 기술이 있다. 이를 이용해 시민들을 위한 서비스를 기획하거나 제공할 수 있다. 세종시의 경우를 보자[그림 2]. 모빌리티와 사물 인터넷 기술을 활용해서 인터넷 센서Sensors를 도시 전체에 설치한다. 센서를 통해 모인 여러 데이터를 '도시 데이터 분석센터'에서 분석한다. 이 센터는 여러 민간 회사와 지자체, LH공사 등이 합작해 만든 SPCSpecial Purpose Company를 통해 운영된다. 데이터를 인공지능이 분석해서 각종 도시 문제를 분석하고, 기존의 시스템을 최적화하는 방식으로 도움을 줄 수 있다.

# 서울이 좋은 평가를 받지 못하는 이유

## 스마트 시티에 대한 우려의 목소리

여기까지 읽었지만 스마트 시티에 적용되는 기술과 운영 방식을 머릿속에 떠올리기 힘든 독자도 있을 것이다. 그러니 도시 문제에 대응하는 대표적인 예를 소개해 본다. 스페인의 바르셀로나는 유럽에서 대표적인 물 부족 도시 중 하나다. 이에 바르셀로나는 다수의 공원 잔디에 사용하는 '스마트 워터 그리드Smart Water Grid'라는 물 관리 시스템을 구축했다. 스프링클러와 관련 시설에 센서를 설치해 물 사용량과 온도, 습도 등을 측정하고, 이 정보를 클라우드 서버로 전송한다. 서버는 이를 데이터로 저장하고 빅데이터 분석을 통해 최적의 물 공급 시기와 양을 결정한다. 이 모든 게 IoT를 적극적으로 활용한 것으로, 바르셀로나는 스마트 워터 그리드 시스템을 활용해 엄청난 양의 물을 절약하고 있다.

스마트 시티에 도입되는 스마트 기술은 주민 삶의 질을 획기적으로 높일 수 있다. 도로 곳곳에 자율 주행 시스템이 보급되면 정시성이 높아진다. 게다가 자율 주행차는 교통사고를 크게 줄일 수 있다. 통신 회사가 적용할 수 있는 스마트 기술로는 '안전 지킴이'가 있다. 응급 상황에서 즉각적인 호출이 가능한 시스템이다. 도시민의 비만 예방을 위해 스마트 헬스 시티를 구축하면서 ICBMA의 디지털 신기술을 사용할 수도 있다. 스마트 시티는 혁신적 인프라의 도입을 통해 주민의 삶을 제고하고, 미래 성장 산업을 육성하는 등 다양한 측면에서 긍정적 효과를 불러올 것이다.

하지만 지금 추진 중인 스마트 시티 사업에 대한 우려의 목소리도 만만치 않다. 먼저, 스마트 시티 사업의 대상지로 인프라가 잘 갖추어진 대도시나 중소 도시가 거론되고 있어 인구 감소 위기 지역이 더욱 어려워질 수 있다는 우려이다. 시범 사업 지구인 부산시 강서구와 세종시 합강리 외에서도 '스마트도시형 도시재생 사업'이 추진되고 있지만, 이들 역시 경기도 고양시, 세종시 조치원, 경북 포항시, 경기도 남양주시, 인천시 부평구, 부산시 사하구, 전남 순천시 등 비교적 규모가 큰 도시들이다. 지금처럼 상대적으로 발전된 지역을 중심으로 스마트 시티 사업이 진행된다면, 지역 간 격차는 더욱 커질 수밖에 없다. 스마트 시티가 개인과 가구 간 격차를 심화할 수 있다는 우려도 존재한다. 개인 간 정보 접근성이나 기술 사용 능력의 차이로 인해 양극화가 심화할 수 있기 때문이다.

하지만 이보다 더 큰 문제가 있다. 지금의 스마트 시티는 중앙 정부 주도의 인프라 구축 성격이 강하다는 점이다. 물론 지나친 정부 주도 사업을 지양하기 위해 민간 기업의 참여를 독려하고 있다. 소위 민관 협력을 강화하기 위해서다. 하지만 이러한 민간 참여는 대부분 민간 기업에 국한되고 있다. 즉 스마트 시티의 구축에서 있어 스마트 기술을 실질적으로 사용하는 주체인 주민이 배제되고 있다.

우리나라의 스마트 기술은 전 세계적으로 가장 높은 수준이다. 하지만 국내 최고의 인프라를 갖춘 서울을 보더라도 전 세계 스마트 시티에 관한 평가에서 그리 높은 점수를 얻지 못한다. IMD의 Smart City Index(SCI) 2020에서 서울은 109개국 중 47위를 차지했다. 이는 여러 선진국에서 강조하는 시민 참여의 수준이 낮고, 사람 중심으로 설계되지 않았기 때문이다. 최근 스마트 시티에 대한 유럽의 논의는 도시의 물리적·기술적 측면을 강조하기보다는 '사람 중심'의 도시 건설에 더 관심을 두는 추세이다.

## 점점 더 중요해지는 Live-Work-Play의 융복합

전통적인 도시 계획은 도시 공간을 '용도 지역'으로 세분화한다. 용도 지역이란 쉽게 말해서, 유사한 기능은 서로 모으고 이질적인 기능은 서로 분리하여 토지를 보다 효율적으로 활용하기 위한 도시 계획적 수단이다. 왜 이렇게 기능을 분리하려 할까? 바로 '부의 외부 효과Negative Externalities' 때문이다. 한 사람의 경제 행위가 다른 사람에게 아무런 보상 없이 일방적인 피해를 줄 때 부의 외부 효과가 나타난다고 하는데, 이러한 현상은 토지를 이용할 때도 흔히 나타난다. 예를 들어 환경적으로 유해한 물질을 배출하는 공장 지역과 사람들의 거주 공간인 주택 지역이 함께 배치되면, 거주민은 일방적으로 피해를 받는다. 그래서 이 두 기능을 분리하기 위해 용도 지역이라는 도시 계획적 수단을 사용한다.

〈국토의 계획 및 이용에 관한 법률〉에서는 '도시'를 크게 주거 지역, 상업 지역, 공업 지역, 녹지 지역 네 부류로 나누고 있다. 동법의 시행령에서는 이를 더 세분화하여 주거 지역은 전용 주거 지역(제1종 혹은 제2종), 일반 주거 지역(제1종, 제2종, 혹은 제3종), 준 주거 지역으로 나누며, 상업 지역은 중심 상업 지역, 일반 상업 지역, 근린 상업 지역, 유통 상업 지역으로 나누고 있다. 또한 공업 지역은 전용 공업 지역, 일반 공업 지역, 준 공업 지역으로, 녹지 지역은 보전 녹지 지역, 생산 녹지 지역, 자연 녹지 지역으로 나누고 있다.

도시의 가장 중요한 요소부터 살펴보자. 도시는 주거, 일자리, 문화, 여가, 교육 등이 다양하게 어우러진 공간이다. 지금까지 도시 계획은 용도 지역제Zoning System라는 수단을 통해 이 기능들을 서로 분리하여 배치하는 경향이 있었다. 물론 근접 배치하는 토지의 혼합 이용을 강조하는

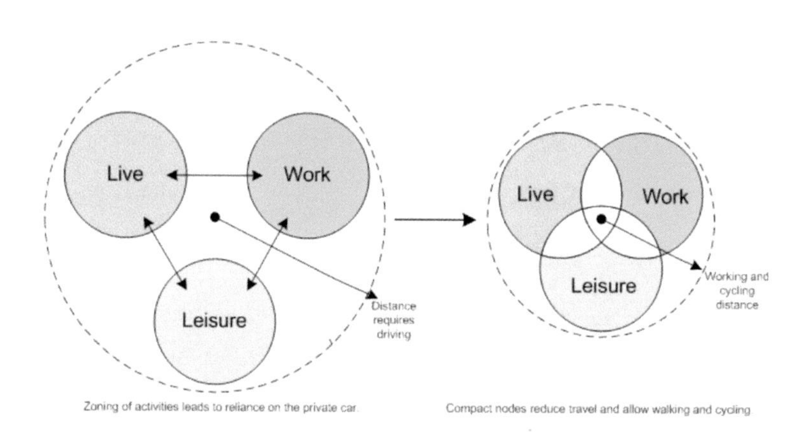


그림 3. Live–Work–Play 상호 작용의 공간적 변화

추세도 있었지만, 하나의 단지 혹은 하나의 건물 내에서 이런 기능적 융복합을 꾀하기에는 한계가 있었다. 도시의 여러 기능을 공간적으로 분리하면, 자가용이나 대중교통을 이용해야 하는 불편이 따른다. 유사한 기능을 모이게 하고, 이질적인 기능을 멀리하게 하는 용도 지역제가 여러 기능을 융복합하는 방해 요소로 작용하는 것이다.

최근으로 올수록 공간 개발의 트렌드는 'Live-Work-Play(LWP)'의 융복합된 공간을 만드는 것으로 빠르게 변하고 있다. 여기서 Live는 주거, Work는 일자리, Play는 문화, 여가, 교육을 포함하는 개념이다. 최근에는 항목을 세분화해 Live-Work-Play-Learn 혹은 Live-Work-Play-Eat-Shop의 다양한 기능을 하나의 장소(혹은 가까운 장소)에 몰아 융복합하는 것을 강조하기도 한다. 이러한 트렌드는 과거 공간의 혼합적 이용Mixed Land-use 방식을 보다 업데이트한 것이다.

중요한 점은 도시 내에서의 스마트 기술이 주거, 일자리, 문화, 여가, 교육 간의 거리를 좁히고 있다는 점이다. 과거에는 이러한 활동들의 관계성을 높이기 위해 교통과 통신의 발전이 필수적이었다. 교통·통신은 개인의 생활과 경제 활동의 장애 요인인 거리를 극복하게 해주는 수단이었다. 지금까지 빅데이터와 인공지능을 활용한 스마트 기술은 하나의 행위를 더욱 효율적으로 하는 데 초점을 맞춰 왔다. 예를 들어 스마트 헬스 케어의 경우, 시민들이 실시간으로 건강을 관리받을 수 있도록 최첨단 의료 기기와 IoT를 접목한 것이다. 하지만 이러한 의료 행위가 쇼핑이나 교육 행위와 연계된다면 완전히 다른 차원의 서비스를 제공할 수 있다. 이는 공간적으로 의료 공간과 쇼핑 공간, 혹은 교육 공간의 연계를 의미한다. 앞으로 스마트 기술을 활용한 원격 근무는 주거와 직장의 거리를 거의 느끼지 못하게 할 정도로 공간 간의 경계를 허물 것이다. 직장에서의 교육 인프라도 고도화됨에 따라 일자리와 교육의 거리가 더욱 좁혀질 것이다.

## 사람 중심의 스마트 시티를 위하여

### 개인의 욕구를 충족하는 스마트 시티

하나의 공간과 다른 공간의 거리를 극복하면서, 스마트 시티는 이질적인 공간에서 일어나는 서로 다른 행위의 융복합을 촉진할 것이다. LWP가 융복합한 장소는 역동적인 환경이다. 그리고 이런 환경에서 창의적인 아이디어가 샘솟고, 혁신이 촉진된다. LWP의 기능이 서로 얽히고설켜 있는 공간에서 혁신이 싹트는 이유는 간단하다. Live, Work, Play는 인간의 원초적 욕구를 충족하며, 이 모든 것을 갖추는 것이 능력을 발휘하는 데 기초가 되기 때문이다.

실제로 에이브러햄 매슬로Abraham Harold Maslow의 인간 욕구 단계설에 의하면, 자아실현을 위해서는 원초적 욕구Primary Needs를 우선 충족해야

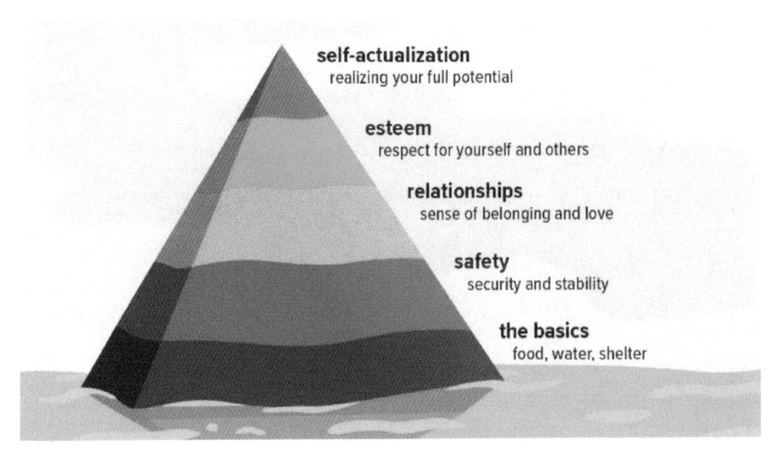


그림 4. 매슬로의 욕구 단계설

한다. 그중 하나라도 부족하다면 다음 단계로 넘어가기 어렵다. 주거 기능은 안전한 거처 및 쉴 곳과 관련하고(Live), 경제 기능은 일자리와 이를 통한 경제적 능력의 확보와 관련하며(Work), 여가 기능은 다른 사람과 함께 사회적 관계를 형성하는 것, 쇼핑하고 외식하는 등의 활동을 포함한다(Play). 이러한 여러 기능은 과거에는 각기 다른 장소에서 이루어져 서로 연계되지 않는 측면이 있었다. 스마트 디지털 기술은 이질적인 공간 간의 경계를 허물고 여러 행위를 융복합할 것이다. 빅데이터와 인공지능을 이용한 스마트 기술이 서로 이격된 여러 기능의 상호 작용을 촉진하기 때문이다.

스마트 기술은 Live와 Work, Live와 Play의 연계성을 강화하며, Work와 Play를 이어 주는 역할도 할 수 있다. 최근 코로나19 사태로 인해 원격 근무가 또 하나의 근무 형태로 자리 잡아가고 있는데, 이는 Live와 Work의 연계성이 높아지고 있는 것이라고 볼 수 있다. 인터넷 쇼핑이 편해지는 현상, 온라인 여가 콘텐츠가 다양해지는 현상은 Live와 Play의 융복합이라고 볼 수 있다. 이렇게 공간적으로 분리되어 있지만 네트워크로 연결된 플랫폼은 융복합을 촉진하는 데 크게 기여할 것이다. 그리고 이러한 융복합은 인간의 기본적인 욕구를 더 빠르게 충족시키고, 다음 단계로 넘어가는 데 도움을 줄 것이다.

### 시민의 참여로 만들어 가는 스마트 시티

스마트 시티는 도시의 여러 구성 요소를 네트워크로 연결하고, 이를 통해 얻은 데이터를 통합 관리 센터에서 분석하여 활용하는 일종의 도시 플랫폼이다. 앞서 언급했듯이 이러한 플랫폼 구축의 궁극적인 목적은 '시민들의 실질적 삶의 질을 증진'하는 것이다. 하지만 스마트 시티에 관한 우리나라의 논의는 '사람'보다는 '기술'에 더 많은 무게 중심이 쏠려 있다. 도시의 물리적, 기술적 측면의 발전에 더해, 주민들이 공동의 사회적 목적(혹은 가치)을 추구하면서 지역 사회의 문제를 해결하는 방식으로 진행되는 것이 바람직하다.

이를 위해서는 주민들이 어떤 공간을 원하는지 파악하는 것이 가장 중요하며, 이때 가장 필요한 것이 '리빙 랩Living Lab'이다. 특정 지역의 주민들이 더 편하게 생활하는 도시를 만들기 위해, 주민들 스스로가 필요

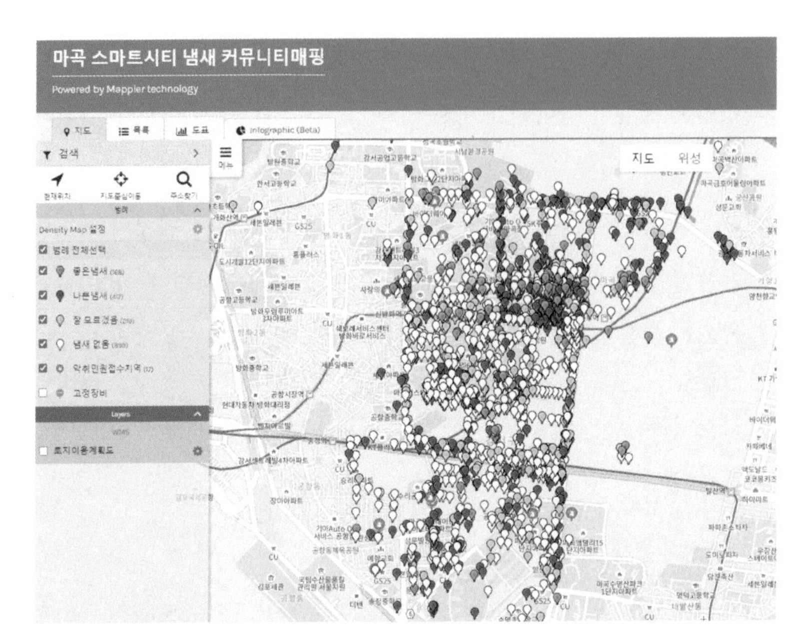


그림 5. 마곡 스마트 시티 냄새 커뮤니티 매핑

한 기술을 제안하고 실험에 참여하는 것이다. 최근 진행되었던 '마곡 스마트 시티 리빙 랩 사업'이 좋은 예가 될 수 있다. 2019년 이 사업이 선정한 프로젝트는 '시각 장애인 무無장애 도시', '냄새 커뮤니티 매핑', '아파트 화재 상황 감지', '로봇 활용 실외 배송', '사물 인터넷 1인 교통수단'의 다섯 가지였다.* 시각 장애인 무장애 도시는 시각 장애인의 보

* 2019년 중순 서울산업진흥원Seoul Business Agency(SBA)에 신청된 30개 프로젝트에 대한 심사를 거쳐 이 다섯 가지 프로젝트를 선정했다.

행을 편리하게 하고 상품의 구매를 돕는 앱을 개발하는 프로젝트였고, 냄새 커뮤니티 매핑은 도시 내 악취가 나는 곳을 지도로 맵핑하여 해결 방법을 모색하는 사업이었다. 아파트 화재 감지 앱은 디지털 트윈Twin 기술을 활용하여 주거지의 화재 상황을 인지하는 시스템을 구축하고자 했고, 로봇 활용 실외 배송은 마곡 산업 단지 내 자율 주행 로봇 플랫폼을 활용하여 배송하는 프로젝트였으며, 마지막으로 사물 인터넷 1인 교통 수단은 IoT를 활용해 스테이션 기반 전동 킥보드를 설치하는 것이었다. 이들의 특징은 기업이 신기술을 개발하지만 시민과 전문가가 적극적으로 참여해서 그것을 실험하고 실증하는 방식으로 진행된다는 것이었다. 프로젝트별로 참여하는 시민의 성격과 방법도 모두 달랐다.

## 결합과 연계는 스마트 시티가 나아가야 할 방향

지금까지의 스마트 시티는 H/W 중심, 곧 스마트 인프라 건설을 중심으로 진행되었다. 스마트 시티가 인간의 삶의 질을 높이기 위한 수단이 되어야 하는데, 그 자체가 목적이 된 것이다. 이에 본 장에서는 현재 기술 인프라 구축을 중심으로 진행 중인 스마트 시티의 문제점을 지적하고, 앞으로의 스마트 시티가 스마트 인프라를 이용하는 사람 중심으로 구축되어야 함을 역설하였다.

보다 구체적으로, 기존의 도시를 스마트화하는 과정에서 사람 중심성을 잃지 않기 위해 다음의 두 측면을 강조할 필요가 있다. 첫째, 스마트 기술은 서로 이질적인 공간의 경계를 허물면서 다양한 행위를 융복합할 가능성이 크다. 일과 교육의 통합, 교육과 놀이의 통합으로 개인의 욕구를 충족하는 방식도 다양해질 가능성이 크다. 스마트 기술은 인간이 지닌 여러 기본 욕구를 융합하여 이를 극대화할 수 있는 공간 플랫폼을 구축하는 게 중요하다. 둘째, 도시의 스마트 기술은 이런 기술을 이용하는 주민들의 적극적인 참여로 만들어져야 한다. 중앙 정부나 지자체 주도의 인프라 공급 방식을 지양하고, 실제로 스마트 기술을 사용하는 당사자가 인프라 구축에 참여할 수 있도록 해야 한다.

스마트 시티의 ICT 및 디지털 기술을 발전시킴에 있어, 이러한 기술들이 어떤 방식으로 공간을 극복하고 여러 다양한 행위의 융복합을 촉진할 수 있는지에 대한 이해가 선행되어야 한다. 스마트 기술은 한 개인이 두 개 이상의 결합된 행위를 할 수 있게 하며, '개인 간' 교류를 증진하는 쪽으로 진화해야 한다. 스마트 시티는 그 자체가 목적이 아닌 수단이다. 여러 기능의 연결을 통해 혁신을 촉진하고, 더 나아가 주민 삶의 질을 높이는 공간 플랫폼을 조성하는 것, 그것이 스마트 시티가 나아가야 할 방향이다.

## 그림과 표의 출처

**표 1.** 김상민, 임태경, 2020, p.16.

**그림 1.** Tumisu, Pixabay 이미지. (2021.02.05.)

https://pixabay.com/images/id-4317139/

**그림 2.** 정재승, 2018, p.64.

**그림 3.** Wardner, 2014, p.6.

**그림 4.** Healthline, 2020.02.26. "A (Realistic) Beginner's Guide to Self-Actualization", (2021.02.05.)

https://www.healthline.com/health/self-actualization

**그림 5.** 마곡 스마트 시티 냄새 커뮤니티 매핑 홈페이지 (2021.02.05.)

https://mapplerk3.com/smartmagok

## 01 디지털 미디어, 새로운 설득 커뮤니케이션 _김재휘

김재휘. 2018. 〈새로운 커뮤니케이션 형태로서 댓글 및 댓글 영향력 연구〉. 네이버 연구 보고서(미발행).

동아일보. 2018.04.02. 신동진. 〈스마트폰 '걷기보상 앱' 4가지 체험…가상통화도 얻을 수 있어〉
https://www.donga.com/news/Economy/article/all/20180401/89409212/1

엠브레인 트렌드 모니터. 2018.02. 〈강해지는 '포털사이트'의 뉴스 지배력, '댓글'의 영향력도 상당해〉,
https://www.trendmonitor.co.kr/tmweb/trend/allTrend/detail.do?bIdx=1646&code=0303&trendType=CKOREA

이혜규, 김자림. 2020. 〈페이스북에서의 루머 공유에 대한 규범 인식: "좋아요" 수치와 댓글의 영향〉. 《한국PR학회 학술대회》. p.8.

인터비즈, 2019.05.31. 이슬지, 임현석. 〈"중대발표?" 당신은 또 속았습니다…실검 마케팅의 덫〉,

한국언론진흥재단. 2018. 〈2018 언론수용자 인식조사〉. 한국언론진흥재단.

한국일보. 2020.05.01. 양진하. 〈외교부 새내기 사무관이 불지핀 '스테이스트롱' 캠페인〉.
https://www.hankookilbo.com/News/Read/202005011696025113

Carlin, A. S., Hoffman, H. G. & Weghorst, S. 1997. "Virtual reality and tactile augmentation in the treatment of spider phobia: A case report". *Behaviour Research and Therapy*, 35. pp.153-158.

Fogg, B. J. 1999. "Persuasive technologies". *Communication of the ACM*, 42. pp.27-29.

Gass, R. H. & Seiter, J. S. 2003. *Persuasion, Social Influence, and Compliance Gaining*. Allyn & Bacon.

IT조선. 2019.10.01. 이진. 〈포털 실검 키워드 4개 중 1개는 '광고'〉. http://it.chosun.com/site/data/html_dir/2019/10/01/2019100101137.html

Iyengar, S. & Hahn, K. S. 2009. "Red media, blue media: Evidence of ideological selectivity in media use". *Journal of Communication*, 59. pp.19-39.

Iyengar, S., Hahn, K. S., Krosnick, J. A. & Walker, J. 2008. "Selective exposure to campaign communication: The role of anticipated agreement and issue public membership". *Journal of Politics*, 70. pp.186-200.

Iyengar, S. & McGrady, J. A. 2007. *Media politics: A citizen's guide*. W. W. Norton & Co.

Kim, Y. M. 2008. "Where is my issue? The influence of news coverage and personal issue importance on subsequent information selection on the web". *Journal of Broadcasting & Electronic Media*, 52. pp.600-621.

Kobayashi, T. & Ikeda, K. 2009. "Selective exposure in political web browsing: Empirical verification of 'cyber-balkanization' in Japan and the U.S.". *Information, Communication & Society*, 12. pp.929-953.

News1. 2021.03.27. 김근욱. 〈'구글發 앱 먹통' 사태에 실시간 검색어가 살아 있었다면?〉. https://www.news1.kr/articles/?4254843
Nie, N. H., Miller, D. W., Golde, S. D., Butler, D. M. & Winneg, K. 2010. "The world wide web and the U.S. political news market". *American Journal of Political Science*, 54. pp.428-439.

## 02 디지털 저널리즘, 가짜 뉴스와 팩트 체크 _이민규

김선호, 김위근. 2017. 〈팩트를 체크한다〉. 《미디어이슈》, 3(7). 한국언론진흥재단.
김수미. 2019. 〈"포스트-진실" 시대의 진실에 대하여: 저널리즘과 진실의 정치에 대한 소고〉. 《언론과 사회》, 27(4). pp.49~103.
김양순, 박아란, 오대영, 오세욱, 정은령, 정재철. 2019. 《팩트체크 저널리즘》. 나남.
김창룡. 2019. 《당신이 진짜로 믿었던 가짜뉴스: 미디어 리터러시와 미디어 비평》. 이지출판.
박영흠. 2019. 《지금의 뉴스》. 스리체어스.
손재권. 2020. 〈팬데믹, 미디어의 본질을 묻고 근간을 흔들다〉. 《2020 해외미디어동향》. 한국언론진흥재단.
연합뉴스. 2020.09.18. 임순현. 〈[팩트 체크] '중국연구소가 코로나19 제조' 논문 근거 충분?〉.
https://www.yna.co.kr/view/AKR20200918033500502

이민규, 이완수, 송민호, 김원재. 2020.《언론사의 수익 다각화 전략 및 방안》. 한국언론진흥재단.

정재철. 2017.《팩트체킹: 진실을 여는 문》. 책담.

조선일보. 2020.09.18. 정시행.〈'中연구소서 코로나 제작' 논문… 美, 가짜뉴스 딱지 붙였다〉. https://www.chosun.com/international/us/2020/09/18/EOPS4O2JYVAAFI6WSTL4D2I55A/

필립 패터슨, 리 윌킨스. 2000. 장하용 옮김.《언론윤리: 이론과 실제》. 동서학술서적.

한국기자협회. 2016. 최승영.〈미 대선토론 실시간 팩트체크, 한국에 상륙할까〉

황치성. 2018.《세계는 왜 가짜뉴스와 전면전을 선포했는가?: 허위정보의 실체와 해법을 위한 가이드》. 북스타.

Allcott, H. & Gentzkow, M. 2017. "Social Media and Fake News in the 2016 Election". *Journal of Economic Perspectives*, 31(2). pp.211~236.

Harsin, J. 2006. "The Rumour Bomb: Theorizing the Convergence of New and Old Trends in Mediated US Politics". *Southern Review*, 39(1). pp.84~109.

McNally, F. 2020. "The History of 'Fake News' and Its Effects in Ireland". World Journalists Conference 2020.

Patterson, P. & Wilkins, L. 1991. *Media ethics: Issues & cases*. Rowman & Littlefield Publishers.

UPI뉴스. 2020.10.22. 이원영.〈미 보고서 "독감 백신 맞으면 비독감 감염질환 65% 늘어"〉 https://www.upinews.kr/newsView/upi202010220038

UPI뉴스. 2020.10.26. 이원영. 〈미국 의료단체 "독감백신, 사망률 하락·감염 예방 효과 없어"〉
https://www.upinews.kr/newsView/upi202010260008
YTN. 2020.10.31. 김대겸. 〈독감 백신이 코로나19 감염 위험 높인다?〉
https://www.ytn.co.kr/_ln/0103_202010310001136553
Zelizer, B. 2018. "Resetting Journalism in the Aftermath of Brexit and Trump". *European Journal of Communication*, 33(2). pp.140~156.

## 03 디지털 알고리즘, 추천 서비스의 진실 _김용환

국민일보. 2020.12.12. 임주언, 전웅빈, 문동성, 박세원. 〈당신이 '○빠' '○까'에 빠진 이유' …유튜브 위험한 초대장〉.
http://news.kmib.co.kr/article/view.asp?arcid=0015313997&code=61121111
부수현. 2019. 〈필터버블 현상의 영향 요인〉. 《한국방송학회 공동 특별세미나 발표자료집》. 한국심리학회.
조선비즈. 2021.01.11. 박현익. 〈허점 드러난 AI 알고리즘…포털 뉴스, 택시앱이어 챗봇까지 논란〉.
https://biz.chosun.com/site/data/html_dir/2021/01/11/2021011102317.html
조선일보. 2021.01.02. 기획취재팀. 〈"머릿속까지 들여다보는 알고리즘, 인간을 마음대로 조종할수도"〉.

https://www.chosun.com/national/2021/01/01/PXR27IQNJ5DK7H5ZBE4B7MDYVA/

주간동아. 2016.03.11. 송화선. 〈알파고 충격? 진짜 걱정은 따로 있다〉. https://weekly.donga.com/BestClick/3/all/11/527481/1

중앙일보. 2020.11.30. 박민제. 정원엽. 〈'秋아들' '尹장모' 검색해보니...유튜브는 '확신범' 양성소였다〉. https://news.joins.com/article/23933036

중앙일보. 2021.01.12. 정원엽, 하선영. 〈인간의 편견 그대로 배웠다, 혐오 내뱉는 AI '이루다 쇼크'〉. https://news.joins.com/article/23968286

Berk, R., Hoda, H., Shahin, J., Michael, K. & Aaron, R. 2018. "Fairness in Criminal Justice Risk Assessments: The State of the Art". *Sociological Methods & Research*, 20(10), pp.1~42.

Bies, R. J. & Moag, J. F. 1986. "Interactional Justice Communication Criteria of Fairness". *Research on Negotiation in Organizations*, 1. pp.43-55.

Buolamwini, J., and Gebru, T. 2018. "Gender shades: Intersectional accuracy disparities in commercial gender classification". *Proceedings of Machine Learning Research*, 81. pp.77-91. http://proceedings.mlr.press/v81/buolamwini18a/buolamwini18a.pdf

Corbett-Davies, S. and Goel, S. 2018. "The Measure and Mismeasure of Fairness: A Critical Review of Fair Machine Learning". *Computer Science*. arXiv: 1808.00023. https://128.84.21.199/pdf/1808.00023v1.pdf

Dieterich, W., Mendoza, C. & Brennan, T. 2016. "COMPAS Risk Scale s: Demonstrating Accuracy Equity and Predictive Parity". Northpointe. http://www.northpointeinc.com/northpointe-analysis

Eli pariser. 2011. *The Filter Bubble*. Penguin Books.

Friedler, S. A., Scheidegger, C. & Venkatasubramanian, S. 2016. "On the (Im) possibility of Fairness". *Computer Science*. arXiv: 1609.07236. https://arxiv.org/pdf/1609.07236.pdf

Kleinberg, J., Mullainathan, S. and Raghavan, M. 2017. "Inherent Trade-offs in the Fair Determination of Risk Scores". *Computer Science*. arXiv: 1609.05807. https://arxiv.org/pdf/1609.05807.pdf

Lee, M. K., Jain, A., Cha, H. J., Ojha, S. & Kusbit, D. 2019. "Procedural Justice in Algorithmic Fairness: Leveraging Transparency and Outcome Control for Fair Algorithmic Mediation". *Proceedings of the ACM on Human-Computer Interaction*, 182. pp.1-26.

Liu, Y. 2017.01.17. "The Accountability of AI—Case Study: Microsoft's Tay Experiment". *Medium*. https://chatbotslife.com/the-accountability-of-ai-case-study-microsofts-tay-experiment-ad577015181f

Propublica. 2016.05.23. Angwin, J., Larson, J., Mattu, S. & Kirchner, L. "Machine Bias: There's Software Used Across the Country to Predict Future Criminals. And it's Biased Against Blacks".

Probublica. 2017.12.18. Kirchner, L. "New York City Moves to Create Accountability f or Algorithms".

https://www.propublica.org/article/new-york-city-moves-to-create-accountability-for-algorithms
Santa Cruz Sentienl. Baxter, S. 2012.02.26. "Modest Gains in First Six Months of Santa Cruz's Predictive Police Program"
SFWeekly. 2013.10.30. Bond-Graham, D. "All Tomorrow's Crimes: The Future of Policing Looks a Lot Like Good Branding".
Sunstein, C. R. 2001. *Republic.com*. Princeton University Press.
Reuters. 2018.10.11. Dastin, J. "Amazon scraps secret AI recruiting tool that showed bias against women".
https://www.reuters.com/article/us-amazon-com-jobs-automation-insight/amazon-scraps-secret-ai-recruiting-tool-that-showed-bias-against-women-idUSKCN1MK08G
Robin, M. 2020.05.27. "The Difference Between Artificial Intelligence, Machine Learning and Deep Learning". Intel.
https://www.intel.com/content/www/us/en/artificial-intelligence/posts/difference-between-ai-machine-learning-deep-learning.html
The Guardian. 2015.07.08. Gibbs, S. "Women less likely to be Shown Ads for High-paid Jobs on Google, Study Shows".
https://www.theguardian.com/technology/2015/jul/08/women-less-likely-ads-high-paid-jobs-google-study
ZDNetKorea. 2021.02.06. 김익현. 〈美, 온라인 플랫폼 '책임성 강화' 시동 걸었다〉. https://zdnet.co.kr/view/?no=20210206101033

## 04 디지털 언어, 파괴와 폭력을 넘어 _박환영


구현정. 2002. 〈통신언어-언어 문화의 포스트모더니즘〉.《국어학》, 39. 국어학회, pp.251~277.

권경근, 박소영, 최규수, 김지현, 서민정, 손평효, 이옥희, 이정선, 정연숙, 허상희. 2015.《언어와 사회 그리고 문화》, 박이정.

김기혁, 최상진, 김진해, 방성원, 홍윤기. 2010.《언어 이야기》. 경진.

김미형, 김형주, 임소영, 최기호. 2013.《한국어와 한국사회》. 한국문화사.

김주관. 2011. 〈귀신말 또는 한국어의 피그 라틴(Pig Latin)〉,《비교문화연구》, 17(1). 서울대학교 비교문화연구소.

수잔 로메인. 2009. 박용한, 김동환 옮김.《언어와 사회: 사회언어학으로의 초대》. 소통.

박동근. 2012. 〈인터넷 금칙어〉. 한국사회언어학회 편.《사회언어학 사전》. 소통.

손지영. 2000. 〈이모티콘〉.《연세춘추》, 1393.

안주현. 2016. 〈한글맞춤법 어디에 쓸까?〉 백두현, 김덕호, 남길임, 이갑진, 송지희, 정수진, 안미애, 홍미주, 송현주, 안주현, 최준, 현영희, 김정아, 전영곤.《한국어는 나의 힘》. 한국문화사.

엄정호, 안태형, 김민진, 박주형, 오가현, 임종주. 2020,《언어와 문화》. 한국문화사.

오정란. 2019.《언어학과 문학의 만남》. 월인.

이익섭, 이상억, 채완. 1997.《한국의 언어》. 신구문화사.

이정복. 2009.《인터넷 통신 언어의 확산과 한국어 연구의 확대》. 소통.

이주희. 2010. 〈통신언어의 표기와 음운적 특성〉.《언어연구》, 27(1). 경희대 언어정보연구소.
전병용. 2002. 〈통신언어의 연구(1)—표기를 중심으로〉, 《국문학논집》, 18. 단국대 국어국문학과.
조경하. 2012. 〈온라인 게임 금칙어의 조어 방식에 관한 연구〉. 《우리어문연구》, 42. 우리언문학회.
Hamers, J. F. & Blanc, M. H. A. 1989. *Bilinguality and Bilingualism*. Cambridge University Press.

## 05 디지털 학습, 교육의 생태계 변화 _김혜영

세계로컬타임즈. 2020.07.06. 최성우. 〈의왕시 중앙도서관, 고천동 '시민의 북카페' 오픈〉.
http://www.segyelocalnews.com/news/newsview.php?ncode=1065580614790730
Campus technology. 2016.10.12. Schaffhauser, D. & Kelly, R. "55 Percent of Faculty Are Flipping the Classroom".
https://campustechnology.com/articles/2016/10/12/55-percent-of-faculty-are-flipping-the-classroom.aspx
EDUCATIONDATA.ORG
https://educationdata.org/online-education-statistics
Her Agenda. 2015.05.18. LiquidSpace's Jamie Lewis "Her Match Your Workspace to Your To-Do List—Here's How!".

https://heragenda.com/match-your-workspace-to-your-to-do-list-heres-how
MIT News. 2010.03.05. "MIT opens new Media Lab Complex". https://news.mit.edu/2010/media-lab-0304

## 06 디지털 사회, 신뢰의 변화 _박희봉

박희봉. 2013.《좋은 정부 나쁜 정부》. 책세상.
유발 하라리. 2015.《사피엔스》. 조현욱 옮김. 김영사.
엘빈 토플러. 1999.《제3의 물결》. 김진욱 옮김. 범우사.
Bell, D. 1960. *The End of Ideology: On the Exhaustion of Political Ideas in the Fifties*. Free Press.
Bell, D. 2001. *The Coming of Post-Industrial Society*. Harper Colorphon Books.
Bell, D. 1996. *The Cultural Contradictions of Capitalism*. Anniversary Edition.

## 07 디지털 격차, 행복의 불평등 _이민아

과학기술정보통신부, 한국정보화진흥원. 2019. 〈2019 디지털 정보격차 실태조사〉. NIA VIII-RSE-C-19055.
김광혁. 2010. 〈아동발달에 대한 가족소득의 수준별 영향 차이〉.《한국복지패널 학술대회 논문집》, 3. pp.83~97.

김경희, 정은희. 2012. 〈평생교육과 아동복지의 만남: 센의 역량접근(Capability approach)과 저소득취약계층아동의 평생학습역량〉. 《평생교육학연구》, 18(4). pp.297~317.

김동진, 양선석. 2018. 〈취업장애인의 작업환경과 직무만족, 직업유지, 임파워먼트 간 관계연구〉. 《사회복지경영연구》, 5(2). pp.183-203.

김안나. 2007. 〈한국적 사회적 배제 실태에 관한 실증적 연구〉. 《사회이론》, 32. pp.227~256.

동아사이언스. 2020.03.31. 김민수. 〈저소득층·장애인 등 정보화취약계층은 '온라인 개학' 사각지대〉.

성욱준. 2014. 〈스마트시대의 정보리터러시와 정보격차에 관한 연구〉. 《한국사회와 행정연구》, 25(2). pp.53-75.

아마티아 센. 2013. 김원기 역. 유종일 감수. 《자유로서의 발전》. 갈라파고스.

윤석민, 송종현. 1998. 〈지식격차효과의 이론적 토대〉. 《언론과 사회》, 20. pp.7-43.

이기호. 2019. 〈지능정보사회에서의 디지털 정보 격차와 과제〉. 《보건복지포럼》, 274. pp.16-28.

이미선. 2016. 〈집단미술치료가 성인 뇌병변 장애인의 자기표현 능력과 심리적 임파워먼트에 미치는 영향〉. 《미술치료연구》, 23(1). pp.195-218.

이민상. 2020. 〈디지털격차의 지식격차에 대한 영향 연구-지능정보사회에 대한 지식격차를 중심으로〉. 《사회과학연구》, 26(2). pp.119-143.

이향수, 이성훈. 2018. 〈장애인들의 디지털정보화 수준과 정책활동 만족도 수준과의 관계에 대한 연구〉. 《한국디지털정책학회논문지》, 6(4).

pp.23-28.

Chopik, W. J. 2016. "The Benefits of Social Technology Use among Older Adults are Mediated by Reduced Loneliness". *Cyberpsychology, Behavior, and Social Networking*, 19(9). pp.551-556.

Fang, Y., Chau, A. K. C., Wong, A., Fung, H. H. & Woo, J. 2018. "Information and Communicative Technology Use Enhances Psychological Well-being of Older Adults: The Roles of Age, Social Connectedness, and Frailty Status". *Aging & Mental Health*, 22(11). pp.1516~1524.

van Ingen, E., Rains, S. A. & Wright, K. B. 2017. "Does Social Network Site Use Buffer Against Well-being Loss When Older Adults Face Reduced Functional Ability?". *Computer in Human Behavior*, 70. pp.168~177.

Schafer, M. H., Wilkinson, L. R. & Ferraro, K. F. 2013. "Childhood (mis)-Fortune. Educational Attainment, and Adult Health: Contingent Benefits of a College Degree?". *Social Forces*, 91(3). pp.1007~1034.

Schur, L., Shields, T. & Schriner, K. 2003. "Can I Make a Difference? Efficacy, Employment, and Disability". *Political Psychology*, 24(1). pp.119~149.

Shpigelman, C. 2018. "Leveraging Social Capital for Individuals with Intellectual Disabilities through Participation on Facebook". *Journal of Applied Research in Intellectual Disabilities*, 31. pp.e79~e91.

Tsatsou, P. 2020. "Digital Inclusion of People with Disabilities: A Qualitative Study of Intra-disability Diversity in the Digital Realm". *Behaviour & Information Technology*, 39(9). pp.995~1010.

Ross, C. & Mirowsky, J. 2011. "The Interaction of Personal and Parental Education on Health". *Social Science & Medicine*, 72(4). pp.591~599.

UNICEF. 2017. *Children in a digital world*. UNICEF.

Wei K., Teo, H., Chan. H. C. & Tan, B. C. Y. 2010. "Conceptualizing and Testing a Social Cognitive Model of the Digital Divide". *Information Systems Research*, 22(1). pp.170~187.

## 08 디지털 규범, 개인의 권리와 의무 _김형준

중앙일보. 2020.05.01. 최연수, 김지아, 박건. 〈악플러 고소했더니…경찰 "왜 수치심 느꼈나 설명하라"〉 (2021.03.24.) https://news.joins.com/article/23767088

전자신문. 2021.01.26. 김지선. 〈한국SW저작권협회, "코로나19로 인한 재택 근무 확산, 불법SW 사용으로 이어져"〉 (2021.03.24.) https://www.etnews.com/20210126000233

한국경제. 2016.03.25. 안락정. 〈"인터넷 주홍글씨 지워달라" 법으로 보호… '알 권리' 침해 논란도〉 (2021.03.24.) https://www.hankyung.com/it/article/2016032598081

한국저작권보호원. 2019. 〈2019 저작권 보호 연차보고서〉. https://www.kcopa.or.kr/lay1/bbs/S1T283C290/F/25/list.do

## 09 디지털 도시, 사람 중심의 스마트 시티 _마강래


김상민, 임태경. 2020. 〈지방자치단체의 스마트 시티 혁신정책 추진방향〉. 한국지방행정연구원.

김은경. 2019. 〈유비쿼터스 도시에서 진화하는 스마트 시티 구축의 필수요소〉. 《주간기술동향》, 1922. pp.2~13.

정재승. 2018. 〈세종 스마트 시티 기본 구상안〉. https://smartcity.go.kr/

Wardner, P. 2014. "Explaining Mixed-use Development: a Critical Realist's Perspective", 20th Annual Pacific-rim Real Estate Society Conference, New Zealand.

**김재휘** kinjei@cau.ac.kr

중앙대 심리학과를 졸업하고 도쿄대학(일본) 사회심리학 석사와 박사를 마쳤다. 현재 중앙대학교 심리학과 교수로서 한국심리학회 회장, 한국소비자학회 회장을 맡았었고, 한국광고학회, 한국소비자광고심리학회, 한국마케팅학회 등에서도 활동 중이다. 소비자심리학, 커뮤니케이션심리학, 사회심리학 분야에서 실험 및 서베이를 통해 소비자의 의사결정, 설득심리, 행동경제학 등을 연구 중이다. 사회에 도움을 줄 수 있는 실용적 주제를 연구하고 있으며, 일본에서도 연구 활동을 지속하고 있다. 《광고와 심리》(2004), 《광고심리학》(2008, 공저), 《인터넷과 소비행동》(2008, 공저, 일본 출판), 《설득심리》(2013), 《소비자심리학》(2014), 《더 알고 싶은 심리학》(2018, 공저)등을 저술했으며, 100여 편의 논문 집필과 함께 다수의 우수 논문상을 받는 등 왕성한 연구 활동을 펼치고 있다.

---

**김용환** yonghwan.kim@navercorp.com

중앙대 심리학과를 졸업하고 동 대학에서 심리학 석사와 박사를 취득하였다. 현재는 네이버 정책연구실 팀장을 맡고 있다. 심리학 분야 중에서도 소비자 광고 심리학 전공으로, 검색 광고, 앱선탑재, 필터 버블과 학증 편향 등 온라인에서의 다양한 광고와 소비자 관련 주제에 대해 관심을 가지고 연구하고 있다. 광고학회, 광고홍보학회, 소비자학회 등에 투고 및 활동하고 있으며, 주요 저서로는 《인터넷 생태계 진단》(2020, 공저), 《디지털 변화 속 광고 PR 사업: 현재와 미래》(2021, 공저) 등이 있다.

**김형준** joondr@naver.com

중앙대학교 법학과를 졸업하고 동 대학에서 석사와 박사를 취득하였다. 법무부 검사징계위원회 의원, 대검찰청 검찰수사심의위원회 의원, 서울고등검찰청 항고심사위원회 위원 등을 맡았으며, 현재 중앙대학교 법학전문대학원 교수로도 재직 중이다. 주요 연구 분야는 형사법이며, 교통범죄와 형사절차법을 주제로 향후에는 자율 자동차, 음주운전 등에 관한 법리를 연구할 계획이다. 한국형사법학회, 한국형사소송법학회, 한국형사정책학회 등에서 활동 중이고, 저서로는 《음주운전과 형사책임》(2007), 《형법각론》(2006, 공저), 《형법총론》(2005, 공저) 등이 있다.

---

**김혜영** englishnet@cau.ac.kr

연세대학교 영어영문학과를 졸업하고 동 대학 석사를 마친 후 뉴욕 주립대에서 박사 학위를 받았다. 숙명여자대학교 조교수, 이화여자대학교 대우 전임교수 등을 거쳐 현재는 중앙대학교 영어교육과 교수로 재직 중이다. 한국멀티미이어언어교육학회 부회장, 한국영어교육학회 부회장 등을 맡았었고, 중앙대학교 데이터기반 교육혁신센터장, 한국교육과정평가원 자문위원으로도 활동했다. Computer-Assisted Language Learning, 영어 교육, 교육 공학 분야에서 질적 연구와 실행 연구, 사례 연구, DBR 등을 통해 Mobile-Assisted Language Learning, AI 말하기 챗봇 개발, 교사 교육, 교육 과정 개발 등을 연구하고 있으며, 최신 기술과 교육에 관한 연구도 수행할 계획이다. 저서로는 《영어교과 교재 연구와 지도법》(2019, 공저), 《영어학습을 위한 인공지능 챗봇 활용 및 제작》(2019, 공저), The Asian EFL Classromm(2018, 공저), World CALL(2017, 공저)을 비롯하여 다수의 교재와 교과서가 있고, 《서울신문》의 '열린 세상' 코너에 고정 칼럼을 기고하기도 했다.

---

**마강래** kma@cau.ac.kr

중앙대학교 응용통계학과를 졸업하고 서울대학교 도시및지역계획학과 석사, 런던대학교 도시계획학과 박사를 취득하였다. 한국교통연구원 책임연구원을 거쳐 현재는 중앙대학교 도시계획/부동산학과 교수로 재직하고 있다. 도시계획과 도시경제 분야에서 균형 발전을 위한 도시계획과 도시재생, 도시행정을 주제로 균형 있는 국토 발전을 위한 다양한 정책을 연구 중이다. 그 외에 대한국토도시계획학회, 한국지역개발학회, 한국지역학회 등에서 활동하고 있으며, 저서로는 《베이비부머가 떠나야 모두가 산다》(2020), 《지방분권이 지방을 망친다》(2018), 《지방도시 살생부》(2017), 《지위경쟁사회》(2016), 《부동산 공법의 이해》(2015), 《지역·도시 경제학: 이론과 실증》(2015, 공저) 등이 있다.

---

**박환영** hyp1000@cau.ac.kr

중앙대학교 국어국문학과를 졸업했다. 이후 리즈대학교에서 몽골학으로, 케임브리지대학에서 사회인류학으로 석사 학위를 받은 후, 케임브리지대학에서 사회인류학 박사를 취득하였다. 몽골 국립대학교 전임강사와 케임브리지대학 Frederick Williamson Memorial Fellow, 한양대학교와 단국대학교 강사를 거쳐 현재는 중앙대학교 국어국문학과 교수로 재직 중이다. 인류언어학, 한국어문화, 민속학, 몽골학, 인공지능 등 다양한 분야를 연구하며, 특히 문화와 언어를 통섭하는 인류언어학적 연구 방법을 통해 한국어문화와 인공지능 인문학을 주제로 연구하고 있다. 향후에는 인류언어학의 시각에서 다양한 인공지능 인문학을 조망해 보고자 한다. 민속기록학회 회장, 비교민속학회 부회장, 한국몽골학회 부회장, 한국알타이학회 학술이사, 중앙아시아학회 편집위원 등을 맡았고, 한국민속학회, 한국어문교육연구회, 사회언어학회 등에서 활동 중이다. 저서로는 《속담과 수수께끼로 문화 읽기》(2014), 《현대 아시아 민속학》(2013), 《현대민속학 연구》(2009), 《한국민속학의 새로운 지평》(2007), 《도시민속학》(2006), 《몽골의 유목문화와 민속 읽기》(2005) 등이 있다.

---

**박희봉** hbpark@cau.ac.kr

한양대학교에서 행정학과를 졸업하고 동 대학 석사를 취득하였다. 이후 미국 템플대학에서 정치학과 행정학으로 박사 학위를 받았다. 현재는 중앙대학교 공공인재학부 교수이자 행정대학원장으로 재직 중이다. 행정조직, 행정문화, 사회자본 등의 연구 분야를 전착 중이며, 과학적 방법을 통해 조직문화와 정부신뢰 등의 주제로 연구를 이어가고 있다. 향후에는 신뢰와 시민문화 등의 주제에 대해서도 연구를 진행할 계획이다. 2013년 한국연구재단 인용지수 행정학 분야 1위, 2015년 신동아 행정학 분야 연구 성과 1위를 수상하였으며, 한국정책과학학회 회장, 한국공공관리학회 회장 등을 역임하기도 했다. 한국행정학회, 한국정치학회, 한국정책학회 등에서도 활동 중이며, 저서로는 《5800 진주성 결사대 이야기》(2019), 《교과서가 말하지 않은 임진왜란 이야기》(2014), 《좋은 정부, 나쁜 정부》(2013), 《사회자본》(2009) 등이 있다.

---

**이민규** minlee@cau.ac.kr

중앙대학교 신문방송학과를 졸업하고, 미주리대학교 언론학 석사와 박사를 취득하였다. 이후 한국언론연구원 연구원과 순천향대학교 부교수를 거쳐 현재는 중앙대학교 신문방송학과 교수로 재직하고 있다. 언론정보, 뉴미디어론 등의 분야에서 저널리즘과 뉴미디어를 연구 중이다. 한국언론학회 회장을 역임하였으며, 한겨레신문 사외이사, KBS 시청자위원, 인터넷신문위원회 기사심의분과 위원장을 맡기도 했다. 저서로는 《방송뉴스 바로하기》(2014, 공저), 《한국신문의 미래전략》(2010, 공저) 외 다수가 있다.

---

**이민아** malee@cau.ac.kr

덕성여자대학교 사회학과를 졸업하고 서울대학교 사회학과에서 석사를 취득하였다. 이후 퍼듀대학 사회학과에서 박사 학위를 취득하고, 코넬대학 박사후연구원을 거쳐 현재는 중앙대학교 사회학과 교수로 재직 중이다. 보건의료 사회학, 건강사회학 분야에서 건강 불평등, 정신건강, 사회적 관계, 젠더, 노인 등의 주제로 연구하고 있다. 2014년 한국인구학회 우수논문상, 2016년 갤럽 우수학술논문상을 수상했으며, 한국사회학회, 한국인구학회 등에서 활동 중이다. 저서로는 《인구와 보건의 사회학》(2013, 공저), 《여자라서 우울하다고?》(2021) 등이 있다.